Una Teoría Cuántica de las Cuerdas de Color

Una Paleta de Gluones

Primera Edición

Dr. Robert Nieves

Número de Control de la Biblioteca del Congreso de los Estados Unidos de América: 2022900093

ISBN: 9798796614280

Derechos © 2022 por el Dr. Robert Nieves
Todos los derechos son reservados

Una Teoría Cuántica de las Cuerdas de Color
Una Paleta de Gluones

Este libro es ideal para estudiantes, investigadores y lectores en todas las áreas de la física cuántica, la teoría de cuerdas de color y la supersimetría de color. Una teoría cuántica de cuerdas de color sondea los límites mismos de la física cuántica y la posibilidad científica.

Hay tres partes principales del libro que se centran en los colores de la fuerza, la supersimetría del color y la frontera de la física cuántica, para discutir los últimos hallazgos teóricos y empíricos en la búsqueda de la veracidad de la realidad física. Este libro explica en detalle los aspectos fundamentales de la carga de color que sirven como base para la Teoría Cuántica de las Cuerdas de Color y la Supersimetría de Color.

Hay tres ideas principales en este libro. La primera es que los colores de la fuerza son las cargas de color elementales para el Modelo Estándar de Gluones en la frontera de la física. La segunda idea es que los gluones son la combinación resultante de las cargas de color fundamentales de las partículas elementales de todo lo que hay. Las leyes de carga de color, o las ecuaciones de Maxwell de carga de color, son las ecuaciones fundamentales de onda de partícula de la realidad física. La tercera idea es que el espacio-tiempo de seis dimensiones con un formalismo (3 + 3) es emergente y fundamental para las fuerzas de color y sus cargas.

Las preguntas que se abordan en este libro, incluyen, entre otras: ¿Son las cadenas de color perturbaciones fundamentales con propiedades topológicas? ¿Cuál es el número correcto de gluones? ¿Qué sucede con un electrón en paridad? ¿Podría un electrón representar una generación fundamental de pares de gluones con una carga negativa debido a la paridad? ¿Cuál es la función de onda de una cadena de color? ¿Existe un gravitón de color? ¿Por qué el bosón de Higgs es más ligero de lo esperado? ¿Se acopla el gravitón de color al campo de Higgs? ¿Qué es la gravedad cuántica de bucle de color? ¿Cuál es el significado de las ecuaciones de Maxwell de carga de color? ¿Es un gluón una onda y una partícula? ¿Cuál es el estado actual de la supersimetría de color? ¿Es todo una cuestión de ondas y bosones? El autor describe en detalle estos temas desafiantes y cómo impactan la realidad física.

Robert Nieves tiene una experiencia profesional diversificada en la ingeniería, la enseñanza, la administración de negocios internacionales, la investigación de la física y la cosmología. El Dr. Nieves tiene una Licenciatura en Ingeniería Eléctrica del Instituto de Tecnología de Illinois y un MBA y un DIBA de la Universidad Nova Southeastern en la Florida, EUA.

Dedicado al creador de todo lo que hay

ÎNDICE

PARTE I

LOS COLORES DE LA FUERZA

CAPÍTULO 1   1

La teoría cuántica de las cuerdas de color

1. Una introducción a las cadenas de color.

2. Las cuatro fuerzas fundamentales de la naturaleza.

3. Los colores de la cadena de todas las cosas.

4. La fuerza nuclear fuerte como la fuerza más potente de la naturaleza.

5. ¿Es un nucleón una máquina determinista de Mealy de estado finito?

6. Entonces, ¿cuál es el número correcto de gluones?

7. El mecanismo de intercambio de color.

8. Las partículas y antipartículas del modelo estándar actual.

9. El problema de los neutrinos del modelo estándar actual.

    9.1 El peculiar neutrino del Modelo Estándar de Gluones.

    9.2 La transmutación de los fermiones por la fuerza electrodébil.

10. La teoría del gluón como una subestructura de las partículas elementales.

11. La teoría de cuerdas de color.

12. ¿Son las cadenas de color perturbaciones fundamentales con propiedades topológicas en el medio espaciotemporal de la realidad física?

CAPÍTULO 2   77

Las ecuaciones de Maxwell para las cargas de color

1. Las leyes de las cargas de color.

2. ¿Cuáles son las ecuaciones de Maxwell para las cargas de color en el espacio-tiempo de seis dimensiones?

3. ¿Cuál es el significado de las ecuaciones de Maxwell para las cargas de color?

4. ¿Cuáles son las ecuaciones de Maxwell para las cargas de color?

PARTE II

LA SUPERSIMETRÍA DE COLOR

CAPÍTULO 3   83

La supersimetría de una cadena de color

1. La Teoría de la Supersimetría de Color (COSUSY).

2. El potencial de las simetrías de color.

3. Las predicciones teóricas de la supersimetría de color.

4. Un concierto de cargas de color: ¿Quién toca las cuerdas de color?

5. El reflejo giratorio de una carga de color.

CAPÍTULO 4   104

El grupo de color unitario espaciotemporal de orden "n" para las cargas de color

1. ¿Conducen las simetrías, traslaciones, escalas, reflexiones y rotaciones al descubrimiento de las leyes de la Naturaleza?

2. ¿Qué es un grupo unitario?

3. ¿Cómo aparece un grupo unitario finito en la mecánica cuántica antes de aparecer en la teoría cuántica de campos?

PARTE III

LA FRONTERA DE LA FÍSICA CUÁNTICA

CAPÍTULO 5   114

La teoría de la gravedad cuántica de bucle de color

1. ¿Es el espinor de color y su conexión de espín un caso sin condiciones para la gravedad cuántica?

2. ¿Podría el espacio-tiempo ser la fuente de un trasfondo dependiente e independiente de la realidad física, así como la fuente de la quintaesencia de todo lo que hay?

3. ¿Son el bosón escalar de Higgs y el campo de Higgs parte de la teoría de cuerdas de color?

    3.1 La relación entre la geometría y el momento energético para el medio espaciotemporal de los gravitones de color.

    3.2 La termodinámica oculta del gravitón y su onda gravitacional.

    3.3 La ecuación de Klein-Gordon para una teoría efectiva de campo del gravitón de color.

4. El campo de una carga de color.

    4.1 El obstáculo crucial no confirmado.

    4.2 La búsqueda de la detección del gravitón de color.

5. La teoría del gravitón de color.

6. El gravitón cosmológico.

7. La vibración de una onda gravitacional cuántica.

CAPÍTULO 6 165

La vida útil de las partículas

1. ¿Por qué un muón tiene una desintegración más lenta que un electrón?

2. ¿Sería posible que el factor "g" se haya ocultado a plena vista todo el tiempo?

3. ¿Podrían sumarse todas las energías de nuestro universo en una sola ecuación Lagrangiana?

CAPÍTULO 7 196

La acreción o disolución de la masa

1. ¿Cuál es la fuente y el sumidero de todas las cadenas de color?

2. ¿Cómo mantiene una cadena de color su densidad de energía?

3. ¿Cuál es la carga cuántica de una cadena de color?

4. ¿Qué hace que el campo gluónico sea más fuerte a medida que las cargas de cuerdas de color se separan? ¿Cómo se separan o se reúnen las cadenas de color?

5. ¿Cuál es el momento angular de una cadena de color?

6. La interferencia y la geometría de un cúmulo de ondas sobre un punto.

7. ¿Cuál sería la carga de una cadena de color?

Bibliografía 219

PARTE I

LAS ONDAS

Capítulo 1

La teoría cuántica de las cuerdas de color

§ 1. Una introducción a las cadenas de color.

Probablemente sería muy sorprendente para maestros como Velázquez, Goya o Picasso, que la ciencia intentara imitar la belleza visual de los colores en su arte con teorías que tratan tanto de los colores sin tener nada que ver en absoluto con ninguno de los colores de las pinturas o la forma en que se perciben los colores en nuestra realidad física.

La combinación de un quark rojo, un verde y un quark azul, o la combinación de un quark cian, un magenta y un quark amarillo, es incolora. Los quarks vienen en sabores. A los diferentes tipos de quarks, "u" para el quark arriba, "d" para el quark abajo, "s" para el quark extraño, "c" para el quark encanto, "b" para el quark fondo y "t" para el quark superior, se les llama el sabor del quark, y el color es una propiedad característica que proviene de la coloración de los gluones. La coloración se define como la propiedad de color que también tiene un potencial inherente de color.

La fuerza más fuerte en nuestro universo es la fuerza nuclear fuerte. La fuerza nuclear fuerte está presente dentro de cada nucleón de un átomo. Cada nucleón consiste en quarks y cada quark tiene su propia carga de color. Si se combinan los tres colores de los gluones dentro de un quark, la combinación de resultados es incolora por las leyes de la física de nuestro universo. La fuerza nuclear fuerte tiene las características más desconcertantes de la realidad física. Dentro de cada nucleón, hay tres quarks de color, cada quark tiene su color distintivo. Los colores dentro de los tres quarks se combinan en un estado cuántico incoloro según lo dirigido por las leyes de la naturaleza en nuestro universo. Puede haber tres combinaciones de quarks, tres antiquarks con sus anticolores, o combinaciones quark-antiquark con color-anticolor que se compensen entre sí.

Investigaciones recientes también han demostrado que hay tetraquarks con dos quarks y dos antiquarks, y también hay pentaquarks con cuatro quarks y un antiquark, para producir estados cuánticos incoloros.

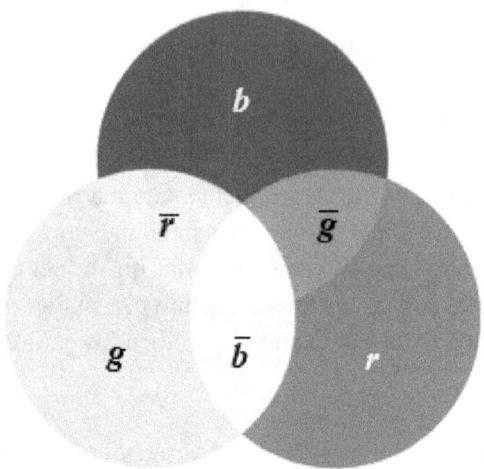

Figura 1. Los Gluones de la Teoría de Cuerdas de Color.

Sin embargo, las partículas de gluones que median la fuerza nuclear fuerte pueden combinarse en nueve variedades de quarks si el fotón también se incluye como un singlete de gluones de color que es incoloro.

Las interacciones de cada cálculo fundamental de la fuerza nuclear fuerte pueden ser descritas por los diagramas de Feynman. Los gluones son los cuantos de la fuerza de color, mientras que las cargas de color de un gluón crean un campo de calibre de color.

Un calibre de color es un sistema de coordenadas que varía con la ubicación con respecto a algún parámetro o algún espacio base. Una transformada de calibre de color es un cambio de coordenadas aplicado a una ubicación, y una teoría de calibre de color es el modelo de un sistema matemático o físico al que se puede aplicar una transformación de calibre de color, y es típicamente invariante de calibre de color, en el que todas las cantidades de color físicamente relevantes se dejan sin cambios o se transforman naturalmente bajo transformaciones de calibre de color.

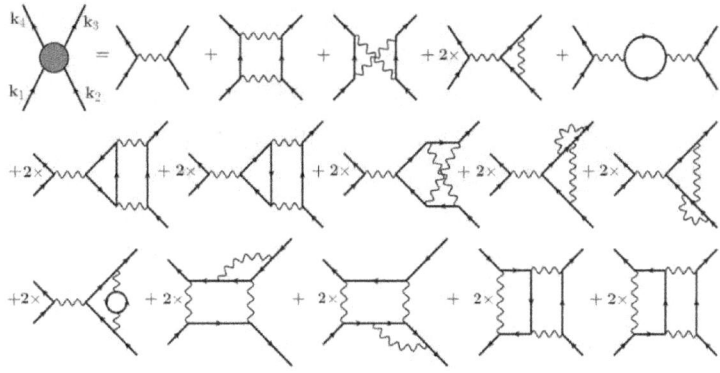

Figura 2. Una Ilustración de una Colección de Diagramas de Feynman utilizados para describir las Interacciones Electromagnéticas mediadas por un Fotón. (De Carvalho et Alia, 2013)

Un diagrama de Feynman muestra la trayectoria de las partículas elementales cuando chocan. Los diagramas de Feynman son muy útiles en la mecánica cuántica para las interacciones de partículas elementales. En los diagramas de Feynman, las partículas pueden avanzar o retroceder en el tiempo. Una antipartícula es una partícula que retrocede en el tiempo. Los diagramas de Feynman son aplicables en la Teoría Cuántica de Campos o en una Teoría Cuántica de la Gravedad tal como "Una Teoría Dinámica del Espacio-Tiempo." (Nieves, 2020)

Los siguientes elementos básicos de los diagramas de Feynman son los más comunes:

Figura 3. Los Símbolos para los Elementos Básicos en los Diagrama de Feynman.

Cualquier diagrama de Feynman puede ser seccionado a estos elementos básicos de la acción de las partículas. Los diagramas se pueden clasificar, entre otros, como líneas de movimiento direccional en ángulo, ondas de emisión de partículas, ondas rizadas de gluones o bucles de movimiento. Los elementos básicos pueden combinarse en formas geométricas comunes para la eficacia de la visualización de la interacción. Las flechas para las partículas son de izquierda a derecha y para las antipartículas son de derecha a izquierda. El espacio está arriba o abajo y el tiempo se deja a la derecha, a menos que se indique lo contrario. La gravedad puede mostrarse como una línea discontinua.

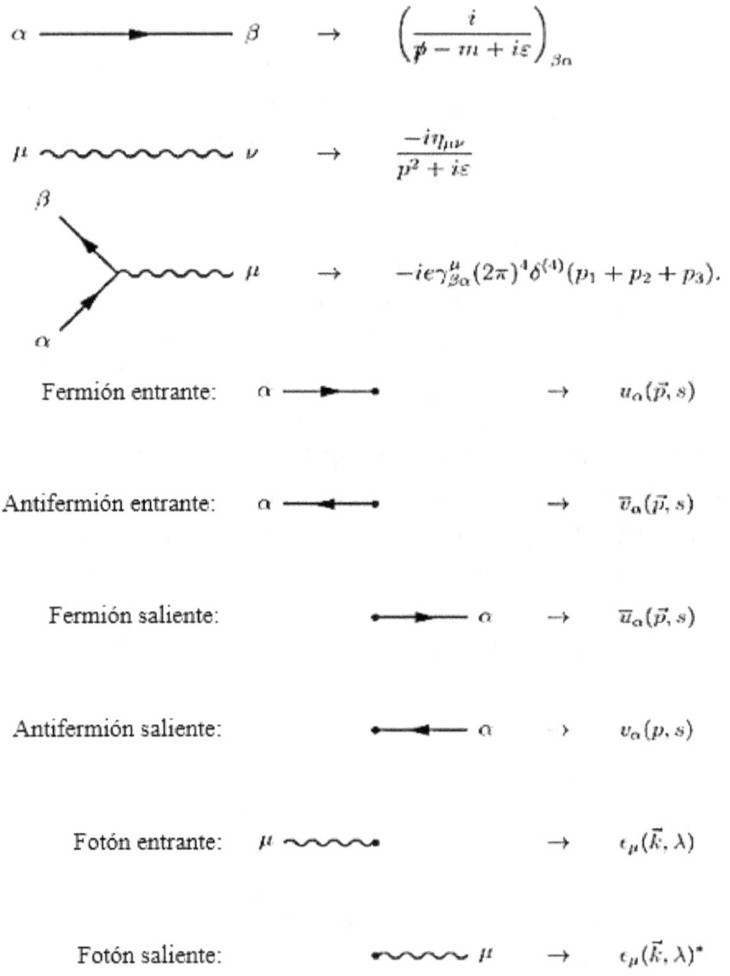

$$\alpha \longrightarrow \beta \quad \rightarrow \quad \left(\frac{i}{\not{p} - m + i\varepsilon}\right)_{\beta\alpha}$$

$$\mu \sim\sim\sim\sim \nu \quad \rightarrow \quad \frac{-i\eta_{\mu\nu}}{p^2 + i\varepsilon}$$

$$\rightarrow \quad -ie\gamma^{\mu}_{\beta\alpha}(2\pi)^4 \delta^{(4)}(p_1 + p_2 + p_3).$$

Fermión entrante: $\alpha \longrightarrow \bullet \quad \rightarrow \quad u_\alpha(\vec{p}, s)$

Antifermión entrante: $\alpha \longleftarrow \bullet \quad \rightarrow \quad \bar{v}_\alpha(\vec{p}, s)$

Fermión saliente: $\bullet \longrightarrow \alpha \quad \rightarrow \quad \bar{u}_\alpha(\vec{p}, s)$

Antifermión saliente: $\bullet \longleftarrow \alpha \quad \rightarrow \quad v_\alpha(p, s)$

Fotón entrante: $\mu \sim\sim\sim\bullet \quad \rightarrow \quad \epsilon_\mu(\vec{k}, \lambda)$

Fotón saliente: $\bullet \sim\sim\sim \mu \quad \rightarrow \quad \epsilon_\mu(\vec{k}, \lambda)^*$

Figura 4. Las Reglas para dibujar la Técnica de los Diagramas de Feynman. (Peskin, 1995)

La frecuencia de las ondas de partículas puede ser constante durante una interacción. Las ondas de partículas se utilizan para la emisión y canje de las partículas de intercambio o los bosones de calibre. El círculo puede ser alguna interacción cuántica que puede no incluirse aún para los cálculos actuales, y puede agregarse más adelante. Un par virtual electrón-positrón puede representarse como un círculo doble. Una creación continua de pares de partículas virtuales, como en la polarización al vacío, puede representarse como el círculo con dos flechas y ondas de partículas a cada lado. Las tablas prácticas han ayudado a investigadores y estudiantes a traducir cada elemento del diagrama de Feynman a su correspondiente expresión matemática.

Por ejemplo, si dos electrones se acercan entre sí, un fotón virtual (una onda de partícula) se intercambia entre los dos electrones haciendo que se repelen. Cuanto más se acercan los electrones entre sí, más corta se vuelve la longitud de onda del fotón virtual.

La producción de pares también puede describirse como el resultado de la paridad en un electrón arbitrario (flecha saliente) por un fotón incidente (unas ondas de partículas incidentes) y un positrón (una flecha incidente). El reverso de una flecha, la transposición de la otra flecha y la dirección de las ondas de partículas incidentes con respecto al eje temporal, describirían una aniquilación, una emisión o un diagrama de absorción. Cada vértice tendría una flecha hacia adentro y una flecha hacia afuera.

§ 2. Las cuatro fuerzas fundamentales de la naturaleza

Se teoriza que había una fuerza espaciotemporal unificada a las energías muy altas que primero se dividió en la fuerza gravitacional actual, una fuerza de la geometría espaciotemporal sobre la masa o la materia, y la gran fuerza de unificación de las cargas de color. Después de un período de tiempo, la fuerza nuclear fuerte surgió de la gran fuerza de unificación de las cargas de color, y mucho más tarde la fuerza nuclear débil y la fuerza electromagnética emergieron de la fuerza de la unificación electrodébil.

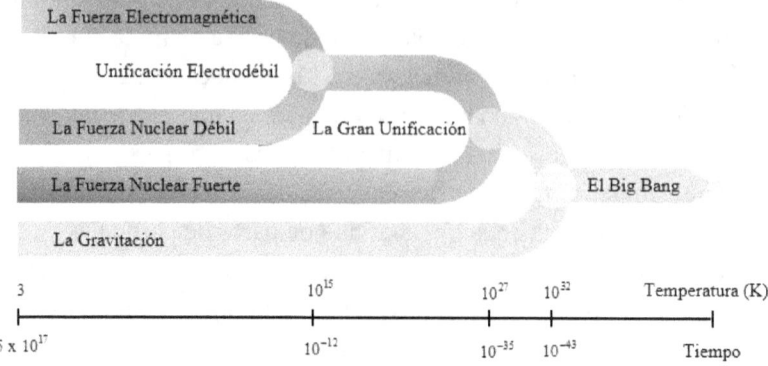

Figura 5. La Separación de las Cuatro Fuerzas Fundamentales de la Naturaleza.

La conjunción de color triádico cuántico de la corriente de carga de color "J^β", la curvatura espaciotemporal "Γ" y la electrodinámica "E", constituyen la subestructura de las cuatro fuerzas fundamentales de la naturaleza. El Modelo Estándar de Gluones surge de "$EJ\Gamma$": la fuerza nuclear fuerte, la fuerza nuclear débil, el electromagnetismo, la carga, la energía, la masa, las partículas, los portadores de fuerza, la materia y los campos gravitacionales. (Nieves, 2020)

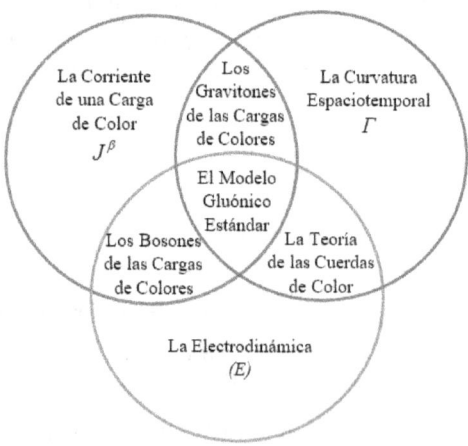

Figura 6. La Conjunción de Color Triádico Cuántico.

Según la teoría actual, hay cuatro fuerzas fundamentales de la realidad física que están controladas por sus propias reglas distintivas. La fuerza fundamental del electromagnetismo proporciona una variedad de cargas, las cargas positivas y negativas, a una microescala de la realidad física. Las cargas que son similares se repelerían y las cargas que son opuestos atraerían.

Según investigaciones anteriores, el electromagnetismo y la gravitación son aspectos del espacio-tiempo. Los componentes de cada fuerza fundamental son los portadores libres de diferentes magnitudes de cada fuerza sin restricciones, donde el fotón para el electromagnetismo o el gravitón de color para la gravitación median todas las interacciones posibles para cada campo de fuerza fundamental correspondiente. Un portador de fuerza, o un bosón de calibre, es una partícula mediadora que transporta cualquiera de las interacciones fundamentales. Las partículas elementales interactúan entre sí por el intercambio de los bosones.

Interacción	*Bosón*	*Fuerza Relativa*	*~Masa (eV/c^2)*
Fuerte	gluones	1	0
Electromagnetismo	Fotón	10^{-2}	0
Débil	W^+, W^-, Z^0	10^{-13}	80 G, 80 G, 91 G
Gravitación Cuántica	Gravitón de Color	10^{-39}	10^{-24}

Figura 7. Las Interacciones Fundamentales y los Portadores de la Fuerza

En un campo gravitacional, hay una carga gravitacional cuántica, el gravitón de color o la masa de una singularidad hipotética, que puede ser atractiva o repulsiva dependiendo de la frecuencia angular del gravitón de color, la propiedad de la masa; es decir, la propiedad de la coloración de los constituyentes cuánticos de esa masa, y si el espacio-tiempo correspondiente se está expandiendo o contrayendo. Por ejemplo, se teoriza que el campo gravitacional de un agujero negro es atractivo y el campo gravitacional de su correspondiente agujero blanco es repulsivo.

A medida que la masa se contrae, se teoriza que puede crear un par de agujeros, negro-blanco, que obedece a una teoría cuántica de la gravedad. La gravitación es el resultado de la geometría del espacio-tiempo alrededor de un gravitón de color, un quark, un hadrón, una partícula elemental o un sistema de partículas a cualquier escala de la realidad física. La gravitación puede ocurrir a escala cuántica o a macroescala de la realidad física, siempre y cuando las condiciones estén presentes para la manifestación de un campo gravitacional.

El gravitón puede transportar carga gravitacional debido a su circunscripción y su geometría dentro del tejido del espacio-tiempo. Sin embargo, el gravitón de color no se teoriza como la única manifestación de la gravedad. El espacio-tiempo curvo por sí mismo puede ser una onda de campo gravitacional.

§ 3. Los colores de la cadena de todas las cosas.

El éxito de una teoría de las cuerdas de color sería una convergencia de las ideas hermosas y veraces en la física moderna, cada una de las cuales se siente correcta y verificable a su manera única. También es inevitable que haya una comprensión más hermosa, veraz y correcta del espacio-tiempo. El espacio-tiempo no es un vacío; El espacio-tiempo es un volumen.

El espacio puede ser considerado una relación, una entidad o una quintaesencia. El contenido del espacio depende de la entidad del espacio. El espacio puede considerarse una entidad si el espacio existiera sin objetos físicos, o una relación si el espacio consistiera enteramente en los campos cuánticos del medio espacial contiguo. Entonces, ¿cómo es el espacio o el tiempo una relación? El debate histórico a través de la correspondencia entre el físico Isaac Newton y el matemático Gottfried Leibniz acentúa dos puntos de vista del tiempo, Leibniz tenía la opinión de que solo hay tiempo relativo y que el espacio o el movimiento existe solo como una relación entre los objetos, mientras que Newton propuso que el movimiento de los objetos ocurrió en relación con un marco de referencia absoluto e independiente de los objetos que contenía. Estas dos formas de pensar sobre el espacio y el tiempo ofrecen una descripción funcional del espacio-tiempo como la quintaesencia de la realidad física. A partir de unas investigaciones anteriores, se teorizó que el tiempo puede tener tanto un aspecto absoluto como un aspecto relativo en su propiedad de onda. (Nieves, 2021)

El espacio-tiempo es un campo complejo. El espacio-tiempo consiste en puntos que son discretos por definición, donde un punto puede o no incluir un evento local. La colección de los cuantos de puntos espaciales y sus eventos pueden representar un espacio-tiempo cuántico gravitacional. Cualquier fuente de puntos espaciotemporales puede girar a medida que el espacio dota más tiempo, y el tiempo dota más espacio, ya que la expansión o contracción del espacio-tiempo tiene una propiedad de onda. Mientras el campo espaciotemporal se expanda o se contraiga, el tiempo pasará en el espacio cuántico gravitacional. El espacio, el tiempo, las partículas y sus campos (los campos cuánticos) constituyen los campos covariantes. Nuestra realidad física puede ser descrita por relaciones, entidades dependientes con un comportamiento aparentemente independiente, la quintaesencia del espacio, y la propiedad de onda. Los constituyentes de la realidad física son campos cuánticos. Cualquier entidad que se relacione, influya o esté influenciada por otra, existe en la historia de nuestra realidad física, incluso si la entidad se originó fuera de nuestro universo. Nuestra realidad física universal es la red de todos los campos cuánticos que interactúan y sus eventos dentro de nuestro espacio-tiempo universal y contiguo.

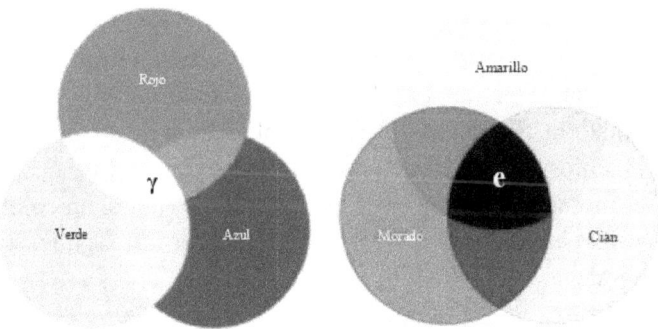

Figura 8. Unas Ilustraciones de la Combinación de Colores Aditivos de un Fotón Incoloro y la Combinación de Colores Aditivos de un Electrón debido a la Paridad.

Las reglas de la fuerza nuclear fuerte se basan en tres cargas fundamentales de cadena de color y obedecen reglas diferentes a otras fuerzas fundamentales en la naturaleza. Estas reglas se dan de la siguiente manera:

- No hay cargas netas de ningún color después de combinar las cargas de cadena de color, solo se permiten estados incoloros.

- Un par de cadenas de colores, un color y su anticolor es incoloro, o la combinación de tres pares de colores y tres pares anticolores es incolora.

- Un gluón tiene una carga de cadena de color de un color. Las cargas de color de cadena pueden ser rojas, antirojas, azules, antiazules, verdes y antiverdes.

- Cada quark o cada antiquark tiene una carga neta de cadena de color de un color o un anticolor. Los quarks y los antiquarks pueden intercambiar los gluones de color para formar sus estados unidos.

Estas complejas reglas de la fuerza nuclear fuerte explican cómo los nucleones se mantienen unidos. Los nucleones como los protones y los neutrones están hechos de quarks y los quarks están hechos de los gluones, los gluones consisten en las cargas de cadenas de color. Los protones, los neutrones y los bariones están hechos de tres quarks, cada quark tiene una carga de cadena de color distinta. Cada partícula, incluyendo cada protón o neutrón tiene una antipartícula que está hecha de tres antiquarks, cada uno con una carga de cadena de color distinta. Sin embargo, cada combinación de cargas de una cadena de color que componen una partícula o una antipartícula en cualquier momento tiene que ser incolora. Por lo tanto, un color debe unirse con un anticolor en las combinaciones permitidas que existen en la naturaleza.

§ 4. La fuerza nuclear fuerte como la fuerza más potente de la naturaleza

Se teoriza que la fuerza nuclear fuerte de la teoría de cuerdas de color se manifiesta a través del intercambio de las cargas de color o los gluones. A medida que la fuerza nuclear fuerte emerge del campo gluónico, las cargas de color o anticolor de los quarks o antiquarks cambian. El intercambio de las cargas de color entre quarks o antiquarks es exclusivo de la fuerza de una cuerda.

Un Par de Gluones		Un Quark		
		El Estado Actual	El Siguiente Estado	La Acción
Color	Anticolor	Q_n	Q_{n+1}	
Rojo	Amarillo	Rojo	Azul	Emisión
Rojo	Amarillo	Azul	Rojo	Absorción
Rojo	Morado	Rojo	Verde	Emisión
Rojo	Morado	Verde	Rojo	Absorción
Azul	Cian	Azul	Rojo	Emisión
Azul	Cian	Rojo	Azul	Absorción
Azul	Morado	Azul	Verde	Emisión
Azul	Morado	Verde	Azul	Absorción
Verde	Cian	Verde	Rojo	Emisión
Verde	Cian	Rojo	Verde	Absorción
Verde	Amarillo	Verde	Azul	Emisión
Verde	Amarillo	Azul	Verde	Absorción

Tabla 1. La Tabla de Transición de Estado para los Tres Quarks de un Nucleón.

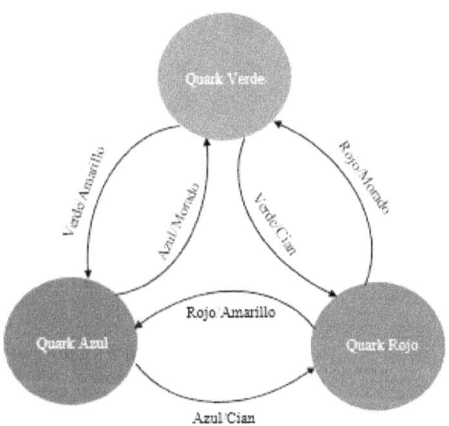

Figura 9. El Mecanismo de Intercambio de los Gluones de Color de los Quarks y Antiquarks.

La fuerza nuclear fuerte se realiza a través del intercambio de los gluones. Cada quark o antiquark puede emitir un gluón que puede ser absorbido por otro quark o antiquark. La fuerza nuclear fuerte comparte esta característica con el electromagnetismo con la emisión y absorción de un fotón, el portador de la fuerza electromagnética, entre dos partículas cargadas. Del mismo modo, los gluones son los portadores de cargas de color entre los quarks o entre los antiquarks. Así, los gluones son los bosones de calibre que median la fuerza nuclear fuerte entre los quarks o entre los antiquarks.

§ 5 ¿Es un nucleón una máquina determinista de Mealy de estado finito?

Una máquina de estado finito, o un autómata de estado finito, es un modelo matemático de computación. Es una máquina de estados teóricos que puede estar precisamente en uno de un número finito de estados en un momento dado. La máquina de estado finito podría pasar de un estado a otro estado en respuesta a algunas entradas. Una máquina de estado finito consiste en una lista de sus estados, un estado inicial o un estado de inicio, y las entradas que causan cada transición.

Hay dos tipos de máquinas de estado finito, una máquina determinista de estado finito y una máquina de estado finito no determinista. Una máquina determinista de estado finito puede diseñarse para ser como cualquier máquina de estado finito no determinista. Además, una máquina determinista de estado finito se puede diseñar con o sin una salida. Dos propiedades importantes de una máquina de estado finito son que es el modelo más simple de cálculo y tiene una memoria muy limitada.

En el campo computacional de la informática teórica, una máquina determinista de estado finito es una máquina de estado finito que puede ejecutarse a través de una secuencia de estados determinada específicamente por una cadena de símbolos, aceptando o rechazando cualquier símbolo. Por lo tanto, la ejecución del cálculo es específica o única.

Consideremos una ilustración para una máquina determinista de estado finito usando un diagrama de estados. En este ejemplo de la máquina de estado finito, hay tres estados finales: Rojo, Verde y Azul, que están representados gráficamente por círculos, para los quarks de color de un nucleón. La máquina de estado finito toma una secuencia finita de 0 y 1 como entrada. En cada estado, hay una flecha de transición que conduce al siguiente estado para un "0" o un "1". Al leer un símbolo, una máquina de estado finito pasa de manera determinística de un estado a otro siguiendo la flecha de transición correspondiente. Por ejemplo, un quark rojo puede emitir un gluón rojo-antiazul, convirtiendo el quark rojo en azul, mientras que convierte el quark azul en rojo, o un gluón rojo-antiverde, convirtiéndolo en verde, mientras que convierte el quark verde en rojo, o un quark azul puede emitir un gluón rojo azul, volviéndolo rojo, mientras que convierte el quark rojo en azul, o un gluón azul-anti-verde, volviéndolo verde, mientras que convierte el quark verde en azul, o un quark verde puede emitir un gluón rojo verde, volviéndolo rojo, mientras que convierte el quark rojo en verde, o un gluón verde-anti-azul, volviéndolo azul, mientras que el quark azul se vuelve verde.

En una máquina Mealy, la salida depende tanto del estado actual "AB" como de la entrada actual "I". Generalmente, tiene menos estados que una máquina de Moore.

El valor de la función de salida es una función de las transiciones y los cambios, cuando la lógica de entrada, o el proceso físico en este caso, en el estado actual ha terminado.

Las máquinas Mealy reaccionan más rápido a las entradas. Generalmente reaccionan en el mismo ciclo de reloj. En la siguiente máquina de estado finito de Mealy, la entrada "I" y la salida "Y" se muestran como "I/ Y" junto a cada flecha de transición, donde el color de cada estado de cada quark en la salida "Y" se designa con un valor de "1" para representar un estado que potencialmente esta energizado en una manera consistente.

El Estado Actual Q(t)	El Siguiente Estado Q(t+1)			
	Entrada = 0		Entrada = 1	
Los Colores de los Quarks AB	Estado	Salida	Estado	Salida
Inicio 00	01	Verde	10	Azul
Verde 01	10	Azul	11	Rojo
Azul 10	11	Rojo	01	Verde
Rojo 11	10	Azul	01	Verde

Tabla 2. La Tabla de Estado de una Máquina Mealy para un Nucleón.

Definamos "Q" como el conjunto de todos los estados, Q = {00, 01, 10, 11}, "Σ" es igual a las entradas, Σ = {0, 1}, q_0 es el estado inicial o el estado inicial de creación del nucleón, q_0 = {00}, "F" es el conjunto de los estados finales, F = {01, 10, 11}, y "δ" es la función de transición de Q × Σ → Q. Los estados de transición de "δ" se muestran en la tabla de estados.

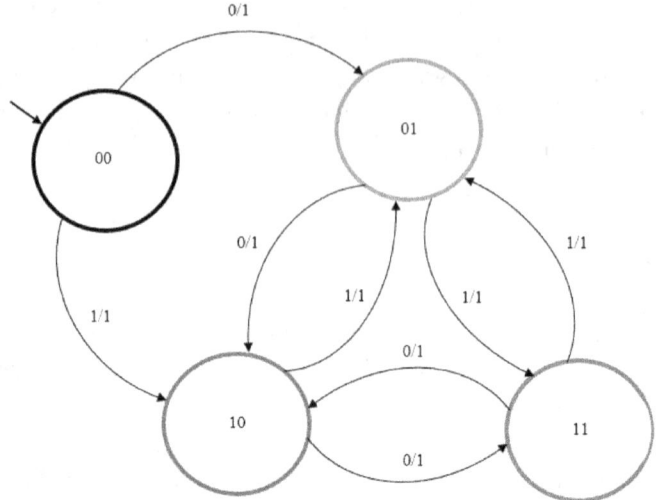

Figura 10. El Diagrama de Estado de un Nucleón como una Máquina Determinista de Estado Finito.

Un mapa de Karnaugh proporciona un método pictórico para agrupar las expresiones con los factores comunes y elimina las variables no deseadas. El mapa de Karnaugh puede describirse como una disposición especial de una tabla de estados o tabla de verdades. El mapa de Karnaugh proporciona un método simple y directo para minimizar las expresiones booleanas.

A \ BI	00	01	11	10
0	1	1	1	1
1	1	1	1	1

Figura 11. El Mapa de Karnaugh para el Diagrama de Estado Anterior.

Por lo tanto, la función booleana para el nucleón se puede extraer del mapa de Karnaugh para obtener la siguiente salida:

$$Y = 1 \qquad (5.1)$$

Por consiguiente, la función booleana obtenida es una tautología, una fórmula o afirmación que es verdadera en todas las interpretaciones posibles. Por ejemplo, cada estado final de cada quark en un nucleón es rojo, verde o azul, o cada estado final de cada quark en un nucleón no es rojo, verde o azul, siempre es cierto, independientemente del color del estado final del quark.

Por eso, en este contexto, parece que la naturaleza también puede ser determinista en su nivel fundamental. En tal caso, se podría decir que "el creador de todo lo que hay" ha conservado el derecho cuántico de jugar a los dados o no. Además, un nucleón parece ser una máquina de estado finito perpetuo consistente.

Por último, pero no menos importante, es interesante mencionar que la máquina de estado finito anterior puede tener estados iniciales de "0", "1", o lo que se llama una combinación lineal de "0" y "1", una superposición de dos entradas para dos estados de color de quark, en nuestro contexto. Esta combinación fluida de amplitudes está en el núcleo de las computadoras cuánticas.

Antes de que uno mida un qubit, o un bit cuántico, existe en un estado general de superposición, una versión cuántica de una distribución de probabilidad, donde cada qubit tiene cierta probabilidad relativa de amplitud para ser cero, y cierta probabilidad relativa de amplitud para ser uno. La superposición permite a una computadora cuántica almacenar y manipular una gran cantidad de datos. Aparte, n qubits = 2^n bits clásicos.

$$|\Psi\rangle = \alpha|0\rangle + \beta|1\rangle \qquad (5.2)$$

donde α y β son unas amplitudes de probabilidad que pueden ser, en general, números complejos. Según la regla de Born, si medimos un qubit en la base estándar, la probabilidad de resultado $|0\rangle$ con un valor de "0" es $|\alpha|^2$ y la probabilidad de resultado $|1\rangle$ con un valor de "1" es $|\beta|^2$. Debido a que los cuadrados absolutos de las amplitudes representan las probabilidades, se deduce que α y β deben estar limitados por la ecuación $|\alpha|^2 + |\beta|^2 = 1$.

La amplitud describe la cantidad de cada estado de color de quark en el qubit, y la fase describe el camino que se está siguiendo, dado que la fase es cíclica, el número de caminos puede ser representado por una esfera de Bloch.

En consecuencia, un qubit puede estar en cualquier estado de color quark representado por un punto en una esfera, mientras que un bit clásico solo puede estar en el polo norte o en el polo sur de la esfera. Un bit clásico solo existe en el polo norte o en el polo sur de la esfera de Bloch, es por eso por lo que un bit clásico es un método muy fuerte y efectivo para almacenar información.

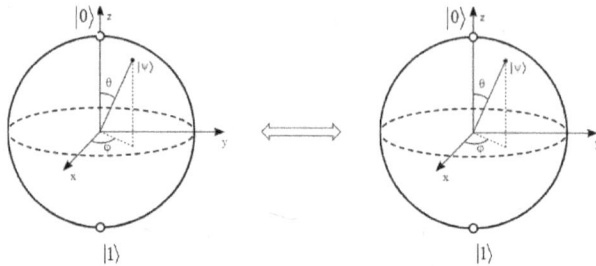

Figura 12. Las Ilustraciones de dos Bits Cuánticos entrelazados dentro del Límite de un Nucleón.

Además, dos o más qubits que están en un estado cerrado de superposición pueden entrelazarse, dotando a sus resultados finales cuando se miden para estar matemáticamente relacionados o correlacionados. Dos qubits pueden proporcionar cuatro bits de información que especifican el estado de un sistema cuántico específico. Sin embargo, para que una computadora cuántica sea útil, uno necesita medir la información de los qubits, o en nuestro caso, de cada nucleón, para valores de 3^n. Un qubit generalizado puede tener "N" estados, o N^n valores. En consecuencia, cuando se mide el sistema cuántico, colapsa en el estado clásico de "0" o "1".

Entonces, consideremos cuatro estados posibles de estos dos nucleones entrelazados, para obtener

$$|\uparrow\uparrow\rangle + \frac{1}{\sqrt{2}}(|\uparrow\downarrow\rangle + |\downarrow\uparrow\rangle) + \frac{1}{\sqrt{2}}(|\uparrow\downarrow\rangle - |\downarrow\uparrow\rangle) + |\downarrow\downarrow\rangle \qquad (5.3)$$

La rotación, frecuencia, orientación y recuento de la amplitud durante un intervalo sería un indicador del valor de entrada de una medición probable para "0" y "1". El hemisferio norte de un nucleón representa el estado de entrada "ket cero" y el hemisferio sur de un nucleón representa el estado de entrada "ket uno" después de realizar una medición. Un indicador de amplitud apunta desde el centro de una tríada de quarks de color dentro del nucleón hacia un estado de color que existe en un instante específico de una medición. Sería posible tener más de un indicador de amplitud en un instante dado. Es posible codificar completamente un bit en un qubit. No obstante, un qubit puede contener más información, por ejemplo, hasta dos bits utilizando la codificación super densa.

A medida que se realiza una medición a un sistema cuántico utilizando la interferencia de ondas, las amplitudes se convierten en las probabilidades. Por consiguiente, una observación, o una medición, puede extraer una respuesta de un sistema cuántico que no es un resultado aleatorio de la probabilidad.

La interferencia de los quarks en un nucleón podría ser aprovechada por una secuencia determinista de puertas qubit para hacer que las amplitudes interfieran constructivamente. Este efecto algorítmico eleva la probabilidad de detectar una de las respuestas correctas.

Una computadora cuántica no tiene que funcionar más rápido que una computadora clásica en todos los casos posibles, pero su número de operaciones para llegar al resultado es exponencialmente pequeño en comparación. Por lo tanto, su ventaja no es la velocidad de una operación individual, sino el número total de operaciones para llegar al resultado en unos algoritmos particulares.

¿Podría un nucleón convertirse alguna vez en una computadora cuántica a través de alguna tecnología avanzada?

Los tres estados de color de los quarks dentro del nucleón son los tres estados probables del bit cuántico. La rotación, la frecuencia y la orientación de cada estado de color de la tríada de estado de color dentro del límite del nucleón se pueden medir con interferencia para producir un resultado en un intervalo específico de la frecuencia. Por consiguiente, cada nucleón puede producir tres qubits cuánticos. Cada par de nucleones entrelazados puede producir seis qubits, y así sucesivamente. Por ejemplo, dos qubits podrían representarse en un espacio vectorial lineal de cuatro dimensiones abarcado por los siguientes estados de base de producto:

$$|00\rangle = \begin{bmatrix} 1 \\ 0 \\ 0 \\ 0 \end{bmatrix} \quad |01\rangle = \begin{bmatrix} 0 \\ 1 \\ 0 \\ 0 \end{bmatrix} \quad |10\rangle = \begin{bmatrix} 0 \\ 0 \\ 1 \\ 0 \end{bmatrix} \quad |11\rangle = \begin{bmatrix} 0 \\ 0 \\ 0 \\ 1 \end{bmatrix} \quad (5.4)$$

$$\sum_{N=0}^{1} \left(|NN\rangle + |N\overline{N}\rangle \right) \equiv \begin{vmatrix} 1 & 0 & 0 & 0 \\ 0 & 1 & 0 & 0 \\ 0 & 0 & 1 & 0 \\ 0 & 0 & 0 & 1 \end{vmatrix} \quad (5.5)$$

Sería un gran salto adelante en la computación cuántica si los nucleones pudieran medirse en un átomo, o en muchos átomos simultáneamente. Las combinaciones lógicas de las puertas cuánticas definirían las secuencias de operaciones de la computadora cuántica. No obstante, la computadora cuántica puede construirse como una computadora cuántica multidimensional, o un teseracto de computación, para el procesamiento multidimensional de información tanto a través del espacio como del tiempo.

§ 6. Entonces, ¿cuál es el número correcto de gluones?

En la teoría cuántica de las cuerdas de color, hay nueve gluones que son posibles porque el fotón es un bosón de calibre que también consiste en gluones. Cada gluón es una combinación o un par color-anticolor. Las cargas de color tienen tres colores distintos y tres anticolores distintos, y cada combinación posible representa un par de gluones.

Un quark puede emitir un gluón, cambiando su propio color en el proceso, y el gluón emitido puede ser absorbido por otro quark que cambia su color. Hay tres pares de colores de color-anticolor del mismo color que pueden combinarse en dos trillizos y otras siete combinaciones de dobletes de pares de colores de color-anticolor de diferente color. A pesar de que los gluones se ilustran como resortes, cada gluón tiene una carga de color.

Hay tres quarks en un nucleón que se suman a un estado incoloro, a saber, rojo, azul y verde. Por lo tanto, para tener un estado incoloro, para reiterar, se llevarían a cabo los siguientes intercambios: un quark rojo puede emitir un gluón rojo-antiazul, convirtiendo el quark rojo en azul, mientras que convierte el quark azul en rojo, o un gluón rojo-antiverde, convirtiéndolo en verde, mientras que convierte el quark verde en rojo, o un quark azul puede emitir un gluón rojo azul, volviéndolo rojo, mientras se convierte el quark rojo en azul, o en un gluón azul-anti-verde, convirtiéndolo en verde, mientras se convierte el quark verde en azul, o un quark verde puede emitir un gluón verde-antirojo, volviéndolo rojo, mientras se convierte el quark rojo en verde, o un gluón verde-anti-azul, convirtiéndolo en azul, mientras se vuelve verde el quark azul.

Por consiguiente, los dobletes estables color-anticolor son cruciales para que el mecanismo de intercambio de color de los quarks y antiquarks mantenga un estado incoloro.

Lo anterior muestra el intercambio de seis de los nueve gluones. Entonces, ¿qué pasa con el resto de los gluones? El rojo-antirojo, el azul-antiazul y el verde-antiverde pueden formar un fotón u otro triplete de color.

§ 7. El mecanismo de intercambio de color.

El mecanismo de intercambio de color no cambiaría un par color-anticolor, porque el quark rojo que emite un par rojo-antirojo permanecería rojo sin un quark que lo absorbiera ya que el otro par color-anticolor azul o verde no tendría un gluón antiazul o un gluón antiverde para cancelarlo para manifestar un estado incoloro general. En la teoría cuántica de las cuerdas de color, los gluones con los mismos estados cuánticos pueden mezclarse. Por eso, los tres pares de gluones color-anticolor pueden formar trillizos.

Los dobletes o trillizos de color exhiben la combinación color-anticolor para una sola carga de color con una combinación negativa color-anticolor de una carga de color diferente, o dos cargas de color simple con dos combinaciones negativas de color-anticolor de una carga de color diferente, para manifestar un gluón real estable. Si hubiera tres combinaciones color-anticolor que son incoloras, manifestarían un triplete de color que es incoloro como un solo estado de color.

Los siguientes son ejemplos de los gluones de un doblete de color o dos trillizos de color:

$$\frac{|(rojo-antirojo)-(azul-antiazul)|}{\sqrt{2}} \qquad (7.1)$$

$$\frac{|(rojo-antirojo)+(azul-antiazul)-2\cdot(verde-antiverde)|}{\sqrt{6}} \qquad (7.2)$$

$$\frac{|(rojo-antirojo)+(azul-antiazul)+(verde-antiverde)|}{\sqrt{6}} \qquad (7.3)$$

Las cargas de color reales son arbitrarias, pero las combinaciones color-anticolor son mutuamente excluyentes. La tercera combinación de color-anticolor es del fotón según lo predicho por la teoría de cuerdas de color. El fotón es un estado singlete de color. A partir de las investigaciones anteriores, si se mide el estado de color de un fotón, habría iguales probabilidades de que el estado del fotón sea rojo-antirojo, azul-antiazul o verde-antiverde. El fotón es incoloro, sin masa de reposo, puede tener masa relativista, y puede ser virtual o no físico, la posibilidad de que el fotón sea un triplete de color es real. Un fotón es tricolor por eso es incoloro. Un taquión también puede representarse como un triplete de color que es incoloro con masa imaginaria, y un signo negativo debido a la paridad intrínseca. (Nieves, 2020)

Por lo tanto, no todas las matrices de los gluones son sin rastro, lo que significa que U(3) puede ser igual a SU(3) para dimensiones espaciales con la fuerza nuclear fuerte gobernada por U(3). Entonces, habría un segundo gluón incoloro que se comporta como un segundo fotón. ¿Cumpliría un taquión el papel de un segundo fotón o sería el compañero "i" de un fotón relativista?

Un fotón montando la ola espaciotemporal retardada y otro montando la ola espaciotemporal avanzada, un fotón y su antifotón (un taquión). Un fotón y su copia tienen la diferencia de fase de π y constituyen un par de fotones entrelazados en fase.

§ 8. Las partículas y antipartículas del modelo estándar actual.

	Arriba/Abajo			Encanto/Estraño			Superior/Fondo		
Quarks									
Leptones		e^-	v_e		μ^-	v_μ		τ^-	v_τ
Antiquarks									
Antileptones		$\bar{e}^+$	$\bar{v}_e$		$\bar{\mu}^-$	$\bar{v}_\mu$		$\bar{\tau}^-$	$\bar{v}_\tau$
Bosones				gluones	γ	W^-	W^-	Z^0	H

Figura 13. Las Partículas y Antipartículas del Modelo Estándar Actual.

A pesar de que el modelo estándar actual está de acuerdo con la mayoría de los resultados experimentales con un alto grado de precisión, todavía tiene las siguientes deficiencias: el modelo estándar actual no predice la gravitación, el modelo estándar actual no unifica las fuerzas fundamentales de la naturaleza, no hay ninguna partícula predicha por el modelo estándar actual que explique la materia fermiónica faltante en nuestro universo, la masa de la partícula de Higgs es inestable con respecto a las correcciones cuánticas, y hay algunos resultados experimentales que no concuerdan con las predicciones del modelo estándar actual. Por consiguiente, "Una Teoría Dinámica del Espacio-Tiempo" con el Modelo Estándar de Gluones puede proporcionar un amplio marco teórico para explicar las deficiencias del modelo estándar actual. (Nieves, 2020)

La fuerza nuclear fuerte media los quarks y antiquarks con las combinaciones de los tres colores y los tres anticolores de los gluones. Seis de los pares de gluones no son complicados, cada uno tiene una combinación de color-anticolor que tiene un anticolor diferente para el color correspondiente.

Las combinaciones de dobletes color-anticolor se suman junto con un signo negativo entre los dos pares de carga de color. Las combinaciones de colores triplete son incoloras y pueden ser complejas; es decir, real, imaginaria, o ambas.

El Modelo Estándar de Gluón puede ser descrito por la Teoría de

Grupos, con las predicciones de la teoría matemática magníficamente descritas por la fuerza nuclear fuerte.

Las propiedades de las cargas de color son sencillas y fundamentales tanto para el electromagnetismo como para la gravitación. El conjunto de todas las combinaciones posibles de pares de gluones dota a cada combinación de quark o antiquark en nuestra realidad física. Las teorías de cuerdas de color, de electromagnetismo, y de gravitación tienen una fuerza de atracción y repulsión. El electromagnetismo tiene cargas positivas y negativas, la fuerza nuclear fuerte tiene una combinación de nueve gluones para interactuar o no interactuar dentro de cada combinación de los quarks y antiquarks, y la gravitación tiene una fuerza de gravitación atractiva para los objetos celestes como un agujero negro o la antigravedad del hipotético agujero blanco correspondiente. La gravitación de un planeta puede considerarse hacia adentro (atractiva) y negativa, mientras que un agujero blanco puede considerarse que tiene antigravitación (repulsiva) que es hacia afuera y positiva.

§ 9. El problema de los neutrinos del modelo estándar actual.

¿Por qué se ha estancado el progreso en la fundación de la física?

¿Es hora de ir más allá del modelo estándar actual de la física?

El modelo estándar actual puede considerarse notablemente defectuoso, y tiene algunas deficiencias diferentes. La materia fermiónica faltante puede no consistir en partículas reales, por lo que puede ser necesario cambiar el modelo estándar actual al modelo estándar de gluones y sus teorías relacionadas. El defecto del modelo estándar actual puede originarse en nuestro malentendido de la gravitación. Por ejemplo, el problema de "μ", el factor "g" o "$g-2$", es intrigante a pesar de que no ha alcanzado los cinco sigma, y su horrendo cálculo complicado. El problema con la predicción del modelo estándar actual motiva la búsqueda de nueva física, pero hay otros problemas con el modelo estándar actual. El modelo estándar actual no incluye la gravitación, por lo que sabemos que necesitamos combinar el modelo estándar actual con la gravitación porque las partículas conocidas gravitan, pero el modelo estándar actual no nos dice cómo funciona eso. Por lo tanto, es posible sugerir que se necesita una teoría de la gravedad cuántica.

Los neutrinos del modelo estándar actual son peculiares. Los neutrinos son algo difíciles de detectar en los aceleradores de partículas, y son realmente desconcertantes ya que todas las demás partículas que tienen masas del modelo estándar actual tienen una versión de quiral-izquierdo y una versión de quiral- derecho de sí mismas, pero solo se han visto las versiones de quiral-izquierdo de los neutrinos, y eso es un problema, porque necesitamos ambas versiones de lateralidad para dotar a las partículas de la propiedad de masa. Se sabe que un neutrino tiene masa, entonces, ¿cómo se produce la masa del neutrino? En consecuencia, hay algo sobre los neutrinos que falta en el modelo estándar actual, o hay un neutrino de quiral-derecho que es tan pesado que aún no se ha visto o hay algo peculiar con los neutrinos, y los neutrinos son diferentes a todas las demás partículas en el modelo estándar actual.

También hay una anomalía en los datos experimentales de LSND y MiniBooNE, y datos relacionados del detector Opera en el CERN desde 2008, el Proyecto de Oscilación con Aparato de Seguimiento de Emulsión, que busca oscilaciones de neutrinos. El experimento Opera tenía como objetivo demostrar la apariencia de neutrinos tau en un haz de neutrinos muónicos debido a las oscilaciones de neutrinos. Ese resultado se logró con una significación mayor a cinco sigma. El experimento es único en su capacidad de detectar los tres sabores de neutrinos. Los datos experimentales revelaron una señal para las masas de neutrinos, que ha alcanzado los seis sigma, que no se puede explicar con el modelo estándar actual. Por eso, es razonable decir que este resultado experimental puede indicar que el modelo estándar actual puede necesitar ser modificado. Es posible modificar el modelo estándar actual introduciendo el modelo estándar de gluones con partículas adicionales mientras se emplea el mismo marco matemático. El modelo estándar de gluones, al igual que el modelo estándar actual, se basa en una teoría cuántica de campos que incluye la mecánica cuántica en todo el proceso de medición con una comprensión clara de cómo se realiza una medición. El impacto del modelo estándar de gluones marcaría el comienzo de nuevos métodos de desarrollo teórico en el camino de la nueva física subyacente, como "Una Teoría Dinámica del Espacio-Tiempo". (Nieves, 2020)

¿Por qué solo hay una versión de quiral-izquierdo del neutrino o una versión de quiral-derecho del antineutrino?

La lateralidad se refiere a dos propiedades de una partícula: la dirección de su espín y cómo se relaciona con la dirección en la que viaja la partícula. No observamos los neutrinos de quiral-derecho directamente porque, para una buena aproximación, solo los neutrinos de quiral-izquierdo interactúan con la fuerza débil, y la fuerza débil es el único mecanismo con el que hemos observado que los neutrinos interactúan en absoluto. La mayoría de las partículas vienen en dos variedades: las que giran en el sentido horario y las que giran en el sentido antihorario. Los neutrinos son las únicas partículas que parecen girar en sentido antihorario. Las orientaciones relativas del espín y el momento lineal para neutrinos y antineutrinos son aparentemente fijas e intrínsecas a las partículas. Para los neutrinos, el espín siempre es opuesto al momento lineal y esto se conoce como un espín de helicidad izquierda, mientras que los antineutrinos siempre tienen un espín de helicidad derecha. Y cada neutrino que hemos observado se mueve a velocidades indistinguibles de, o muy cerca, de la velocidad de la luz.

La existencia de neutrinos de quiral-derecho está teóricamente bien motivada, porque los neutrinos activos conocidos son de quiral-izquierdo y todos los demás fermiones conocidos se han observado con quiralidad izquierda y derecha. En física, la propiedad geométrica de una partícula puede tener quiralidad, o puede ser quiral, si no se puede mapear a su imagen especular mediante ninguna combinación de rotaciones, traslaciones y algunos cambios conformacionales. Los neutrinos de quiral-derecho también pueden explicar de manera natural las pequeñas masas activas de neutrinos inferidas de la oscilación de neutrinos. Los neutrinos son una de las partículas más abundantes en el universo. Debido a que los neutrinos interactúan muy débilmente con la materia, son increíblemente difíciles de detectar. Solo se ha observado que interactúan a través de la fuerza débil, aunque se supone que también interactúan gravitacionalmente, mientras que la luz interactúa fuertemente con la materia, especialmente con los electrones. Los neutrinos y los electrones son leptones. Los quarks y los leptones, así como ya que la mayoría de las partículas compuestas, como protones y neutrones, con un espín medio entero impar, son fermiones. Los neutrinos son muy difíciles de detectar porque no tienen carga eléctrica. Pero cuando un neutrino pasa a través de la materia, si golpea en el blanco, creará partículas cargadas eléctricamente. Y esos neutrinos si pueden ser detectados.

¿Cómo es un neutrino su propia antipartícula?

Los neutrinos vienen en tres sabores: neutrino electrónico, neutrino muónico y neutrino tau. También tienen antipartículas correspondientes, llamadas colectivamente antineutrinos. Sin embargo, los neutrinos caen en una categoría llamada leptones. Los leptones y los quarks son fermiones que constituyen la materia. Las partículas tienen partículas de imagen especular llamadas antipartículas o antimateria. Estas partículas de antimateria tienen la misma masa que las partículas de materia que conocemos, pero son opuestas en todos los demás sentidos. La simetría del compañero-i exhibe la inversión de todas las propiedades cuánticas, como el espín y la carga. Un antineutrino es el compañero antipartícula del neutrino, lo que significa que el antineutrino tiene el mismo masa pero carga opuesta del neutrino. Aunque un neutrino es electromagnéticamente neutro, no tiene carga eléctrica ni momento magnético, puede llevar otro tipo de carga: un número de leptón. En la física de partículas, el número de leptón denota qué partícula es un leptón y qué partícula no lo es. Los números de leptones $\{0, +1, -1\}$, o las cargas de leptones, son números cuánticos conservados en todas las interacciones de las partículas. Cualquier neutrino tendría un número de leptones de "+1", mientras que su antineutrino tendría un número de leptones de " 1". Sin embargo, es posible que el número de leptón tampoco se conserva en la naturaleza. En ese caso, no hay nada que distinga un neutrino de su antineutrino, ni la carga eléctrica, ni el número de leptón, ni nada más. Además, un neutrino aislado no se convierte en un electrón. Eso infringiría la conservación de las cargas, entre otras cosas. El brillante físico Ettore Majorana en 1937 propuso la teoría de que los neutrinos con masa podrían ser capaces de convertirse en sus antipartículas y volver a hacerlo. Una partícula que es su propia antipartícula es el fotón, una partícula de luz. Otro es el pion neutro, que se compone de pares quark-antiquark, y el gluón, que pega los quarks juntos. Los científicos se referirían a tal neutrino, que es idéntico a su antineutrino, como un neutrino de Majorana. Los científicos están tratando de resolver este caso realizando experimentos complicados que requieren condiciones extremadamente frías y limpias. Esta investigación busca un proceso predicho muy raro llamado desintegración beta doble sin neutrinos que puede ocurrir solo si los neutrinos son partículas de Majorana. Los neutrinos fueron hipotetizados en 1931 por el eminente físico Wolfgang Pauli para resolver una crisis en la física que amenazaba el principio fundamental de la conservación de la energía. Wolfgang Pauli planteó la hipótesis de que el núcleo emitía una segunda partícula que podría llevarse esta energía no contabilizada. Un núcleo sometido a desintegración beta emite un neutrino con el electrón. Los neutrinos son creados por varias desintegraciones radiactivas; la siguiente lista no es exhaustiva, pero incluye algunos de esos procesos: desintegración beta de núcleos atómicos o hadrones, reacciones nucleares naturales como las que tienen lugar en el núcleo de una estrella, o cuando rayos cósmicos o haces de partículas aceleradas golpean átomos. El neutrino de Pauli ahora se identifica como el neutrino electrónico, mientras que el segundo neutrino se llama neutrino muónico, y el tercer neutrino se llama neutrino tao.

Los neutrinos se mezclan, y también los quarks, es decir, se convierten entre sí de un lado a otro, a medida que se propagan a través del medio espaciotemporal. Se teoriza que la combinación de las partículas-ondas de los neutrinos o los antineutrinos durante las oscilaciones puede resultar en la superposición de las tres categorías no observadas de los neutrinos o los antineutrinos que produce un sabor resultante de una partícula-onda que puede dotar la transmutación de los neutrinos o los antineutrinos (electrón↔muón, muón↔tao, tao↔electrón) a medida que se propagan como tardiones a través del medio espaciotemporal. La superposición de las tres categorías no observadas de los neutrinos o los antineutrinos (primero, segundo, tercero) puede explicar el mecanismo de la transmutación de los tres sabores observables. Cada categoría no observada tiene su propia masa característica, su frecuencia angular, su velocidad y su ángulo de fase, que después de la superposición de las partículas-ondas y el cambio del ángulo de fase durante las oscilaciones daría lugar a las transmutaciones entre los tres sabores observables de neutrinos. Cada sabor observable de neutrino puede expresarse como: $v_{flavor} = a_1 v_1 + a_2 v_2 + a_3 v_3$. El coeficiente complejo "a_χ" de cada categoría no observada de neutrino, o de antineutrino, en la superposición, incluye un efecto relativista, $m_\chi / \sqrt{1 - (v/c)^2}$.

¿Qué hay en el espejo?

La naturaleza es simétrica en el nivel fundamental. La simetría gobierna las características de las interacciones de las partículas e impide la existencia de las partículas masivas. La realidad física tiene una simetría oculta donde los quarks, los leptones, los bosones de interacción débil y el bosón de Higgs, pero no los gluones o los fotones, adquieren masa. También hay supersimetría de color que se teoriza que puede estabilizar la masa del bosón de Higgs, que puede considerarse como una simetría general que puede imponerse en una teoría cuántica de campos como "Una Teoría Dinámica del Espacio-Tiempo". (Nieves, 2020)

La supersimetría de color es una teoría de acoplamiento, cuanto más cerca están las masas de los compañeros-i a las partículas, mayor es la concordancia con el modelo estándar de los gluones. La masa del compañero-i del bosón de Higgs no tiene por qué ser mucho mayor y desacoplada. Los experimentos de la década de 1950 demostraron que las partículas fundamentales no se comportan de la misma manera cuando sus orientaciones espaciotemporales se transponen a sus imágenes especulares. Se esperaba que todas las partículas obedecieran a la simetría especular o a la simetría de paridad, rompiendo la simetría especular. Por lo tanto, se propuso que la simetría pudiera completarse con partículas no observables como parte de un panorama más amplio desconocido. La supersimetría de color (COSUSY) proporciona los compañeros-i que cumplen con esta expectativa inicial. Se esperaba que la simetría del espejo existiera en nuestra realidad física. COSUSY es una teoría de seis dimensiones con un (3 + 3) formalismo. Los compañeros-i son reflejos que pueden considerarse como compañeros imaginarios que reflejan la materia en nuestro universo, no vistos pero sentidos por las partículas. De la investigación astronómica en el siglo XX, la expectativa de materia no observada, es equivalente a una materia fermiónica faltante que ha movido galaxias enteras por su influencia gravitacional. La distribución aproximada de la materia no observada o la materia fermiónica faltante fue trazada y estimada en cinco veces la de la materia fermiónica visible. Pero los investigadores aún no han descubierto la materia fermiónica faltante en la primera parte del siglo XXI.

Los problemas de la falta de la materia fermiónica inobservable desde el principio del siglo XXI se han acumulado observaciones sobre la materia fermiónica inobservable que falta que no se pueden explicar. La falta de materia fermiónica inobservable ya no es la explicación paramétrica más simple. Estas observaciones exigen preguntas sobre la ciencia y sus explicaciones sin ficción. El comportamiento de las partículas y los campos cambia desde la escala de una galaxia, a la de un cúmulo, a la de un filamento y hasta la de un universo primitivo. Una teoría debe incluir un tipo de transición de fase que explique por qué y bajo qué circunstancias cambia el comportamiento de estas partículas o campos adicionales, por lo que necesitamos expresar este comportamiento en dos conjuntos distintos de ecuaciones para la materia fermiónica inobservable que falta y para la energía inobservable de campo que falta, o en un conjunto único y distinto de ecuaciones, como las ECEs de seis dimensiones. Una teoría que se ocupa de la física de la materia condensada, la física de los sólidos, los gases y los fluidos. Una teoría que combina los atributos de la materia fermiónica inobservable que falta y los de la gravedad modificada.

Algunos de los problemas de la falta de la materia fermiónica inobservable son, pero no se limitan a, los siguientes: la predicción de demasiadas galaxias pequeñas, estas son las galaxias pequeñas que orbitan alrededor de una galaxia mayor, conocidas como las galaxias satélites. Por ejemplo, la Vía Láctea solo tiene unas pocas docenas, pero debería tener cientos, las pequeñas galaxias satélites a menudo están alineadas en planos. La falta de materia fermiónica inobservable no explica por qué. También se sabe por observación que la masa de una galaxia está correlacionada de tres y media a la cuarta potencia de la velocidad de rotación de las estrellas más externas. Esto se llama la relación bariónica de Tully–Fisher y es solo un hecho observacional. La relación bariónica de Tully–Fisher es una relación fáctica entre la masa bariónica, la suma de su masa en estrellas y gas, o la luminosidad intrínseca de una galaxia espiral y su velocidad asintótica de rotación o su ancho de línea de emisión. La materia fermiónica inobservable no lo explica. La materia fermiónica inobservable predice una densidad en los núcleos de galaxias pequeñas que alcanza su punto máximo, mientras que las observaciones dicen que la distribución debería ser plana. Si observa la curva de rotación de una galaxia, entonces para cada característica en la curva de la emisión visible, como una topada o un tambaleo, también hay una característica en la curva de rotación. Esto se conoce como la Regla de Renzo. Una vez más, eso es un hecho observacional, pero sería algo inexplicable pensar que la mayor parte de la materia en las galaxias es la materia fermiónica inobservable. La falta de la materia fermiónica inobservable debería eliminar cualquier correlación entre las curvas de rotación y la luminosidad. Luego, hay colisiones de cúmulos de galaxias a alta velocidad, como el cúmulo "El Gordo" o el cúmulo de bala. Estos son difíciles de explicar con la materia de las partículas fermiónicas inobservables, porque la materia fermiónica inobservable crea fricción y eso hace que las velocidades relativas tan altas sean extremadamente improbables. El cúmulo de bala es un problema para la materia fermiónica inobservable, pero no una evidencia de ello. En el libro "Una Teoría Dinámica del Espacio-Tiempo", hay una posible explicación a la materia fermiónica que falta en nuestro universo como una corrección a las ecuaciones de campo de Einstein para el espacio-tiempo de seis dimensiones.

9.1 El peculiar neutrino del Modelo Estándar de Gluones.

El neutrino se considera un leptón con masa con medio espín. Teoricemos que el neutrino tiene paridad intrínseca positiva con una carga eléctrica neutra, y el antineutrino tiene una paridad intrínseca negativa. La paridad intrínseca es un factor de fase que surge como un valor propio de la operación de paridad, que es un reflejo, o una simetría especular, alrededor del origen. Se teoriza que el neutrino es de quiral-izquierdo o de quiral-derecho. Denotemos que los dos estados de polarización del neutrino son positivos o negativos. El neutrino tiene tres sabores, cada sabor es $\pm$ cuando la carga del antineutrino conjugado es $\mp$. Por consiguiente, cualquier par individual, de un neutrino y su antineutrino conjugado, puede tener polaridad positiva o negativa de acuerdo con el principio de la correspondencia de polarización. La helicidad (polaridad) de un neutrino describe una combinación del espín y el movimiento lineal instantáneo que es invariante de Lorentz, es decir, la helicidad tiene un valor que es el mismo en todos los marcos de referencia inerciales. Si el vector de espín de un neutrino apunta en la misma dirección que el vector de momento o impulso, la helicidad (polaridad) es positiva (helicidad derecha), si los vectores de espín y momento apuntan en direcciones opuestas, la helicidad (polaridad) es negativa (helicidad izquierda).

La helicidad de un neutrino, una partícula masiva, a diferencia de un fotón, no es igual a su quiralidad mecánica cuántica. Un neutrino es quiral si es indistinguible de su reflejo en un espejo plano. Por eso, la quiralidad está incorporada en el neutrino, pero la helicidad es una cuestión de perspectiva.

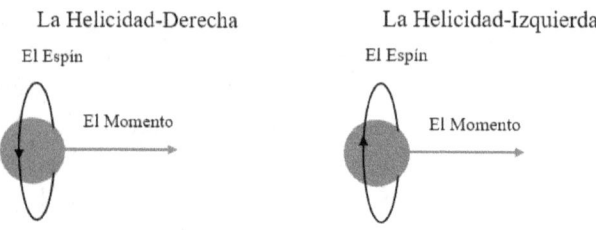

Figura 14. Una Ilustración de la Helicidad (Polaridad) para una Partícula.

La siguiente figura de un círculo representa la fase compleja del estado cuántico de una partícula a medida que una partícula gira, y el valor del ángulo de fase cambia alrededor del círculo. A medida que una partícula gira 360 grados, la partícula se mueve solo a la mitad del círculo en un sentido de rotación que depende de la quiralidad de la partícula. Si una partícula de quiral-izquierdo o una partícula de quiral-derecho gira 360 grados, ambas alcanzarían un valor de fase de -1 a la mitad del círculo en el plano complejo. La partícula quiral-izquierda se movería en el sentido horario, mientras que la partícula de quiral-derecho se movería en el sentido antihorario.

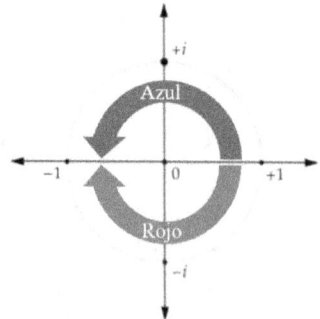

Figura 15. Una Ilustración de la Quiralidad Derecha (la Flecha Azul) y la Quiralidad Izquierda (la Flecha Roja) de una Partícula.

El ángulo de fase de la función de onda de una partícula puede cambiarse cuando una partícula gira de una manera que depende de la quiralidad de la partícula.

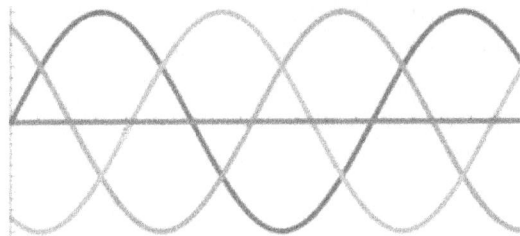

Figura 16. El Efecto de la Quiralidad en el Desplazamiento de la Fase Mecánica Cuántica de la Función de Onda de una Partícula (la Flecha del Centro o la Flecha Verde). La Flecha del Lado Izquierdo (o la Azul) es el Efecto de Rotación en un Fermión de Quiral-Izquierdo, y la Flecha del Lado Derecho (o la Roja) es el Efecto de Rotación en un Fermión de Quiral-Derecho.

La función de onda cuántica de un fermión se desplaza cuando un fermión gira causando un evento cuántico de polaridad, cuando el fermión quiral izquierdo y el fermión de quiral-derecho se desplazan en direcciones opuestas. Las propiedades cuánticas inherentes de una partícula están relacionadas de una manera profunda. Cuando la interacción débil dota de masa a los fermiones, el efecto de la quiralidad se vuelve más significativo.

El neutrino no se puede superponer sobre su imagen reflejada; por eso, el neutrino es aquiral. Las manos humanas son quirales. La combinación del espín y el movimiento lineal instantáneo (el momento) del neutrino describe su quiralidad (o su lateralidad) o su helicidad (o su polaridad). Para el neutrino masivo con carga eléctrica neutra, la helicidad (o la polaridad) no es lo mismo que la quiralidad (o la lateralidad). La quiralidad o la helicidad del neutrino masivo son positivas (diestras, en el sentido antihorario) o negativas (a la izquierda, en el sentido horario) correspondientes a la polaridad basada en la magnitud de la carga cuántica de Planck, q_p, transportada por un solo neutrino o un electrón. Por convención rotacional, si uno imagina un reloj de pared redondo masivo que se lanza como un frisbi a la derecha, con su vector de espín definido por sus manecillas y su cara hacia arriba, tal reloj tendría la quiralidad y la helicidad negativas. Los neutrinos masivos opuestos tienen la quiralidad y la helicidad opuestas. Opuesto a la atracción masiva de los neutrinos, los neutrinos masivos iguales se repelen. La quiralidad opuesta y la helicidad se complementan, la quiralidad y la helicidad se separan. La relación del neutrino masivo opuesto, o la de quiralidad y la helicidad entre los neutrinos masivos, en un reino espaciotemporal de escalas donde los electrones emergen de la interacción débil. No es coincidencia que la fuerza electromagnética y la interacción débil sean dos aspectos de una sola fuerza electrodébil. (Nieves, 2020)

La quiralidad y la helicidad designan la lateralidad y la polaridad de una carga eléctrica neutra, como un neutrino masivo. La interacción débil se acopla a los fermiones de quiral-izquierdo, cualquier efecto que esto tenga sobre la helicidad depende de la cinemática de la interacción. La carga en sí es neutral. La carga es de naturaleza espaciotemporal. Un Coulomb de carga consiste en una unidad de longitud multiplicada por su unidad de tiempo conjugada y ortogonal. La carga es una manifestación espaciotemporal bidimensional emergente. La carga cuántica de Planck es aplicable a la escala de un neutrino. Cualquier carga en el neutrino es un múltiplo de la carga cuántica de Plank, $t_p l_p$.

Se plantea la hipótesis de que la quiralidad produce una lateralidad, y el espín produce un arrastre de marco espaciotemporal sobre un neutrino, que es opuesto para positivo o negativo, proporcionando la atracción o la repulsión. Las cargas opuestas de los neutrinos proporcionan un arrastre de marco espaciotemporal complementario, disminuyendo la distancia entre los cargos. Al igual que las cargas de los neutrinos proporcionan un arrastre de marco espaciotemporal repulsivo, aumentando la distancia entre las cargas. La lateralidad de la quiralidad permite la superposición de las cargas de neutrinos según el Modelo Estándar de Gluones.

9.2 La transmutación de los fermiones por la fuerza electrodébil.

La función importante de la interacción nuclear débil es causar las transformaciones de las partículas, más específicamente, convierte las partículas como los quarks en las partículas como los leptones. Sin embargo, ha sido muy difícil señalar exactamente qué y cómo la interacción nuclear débil hace lo que hace. La interacción débil juega un papel fundamental en el universo. El extraño estado de la paridad de la interacción débil proporciona a los investigadores una razón válida para la búsqueda de una nueva física, más allá del modelo estándar actual. Esta búsqueda implica la investigación de la fuerza débil y de las partículas como los neutrinos y los gluones, y la gravitación.

Durante una desintegración beta-más de un protón en un neutrón, se produce la transformación de un quark arriba a un quark abajo, mientras se emite un bosón de calibre W^+, con una carga eléctrica de $+1e$, extrayendo energía y cargas de color de los campos gluónicos del positrón, para producir un neutrino electrónico.

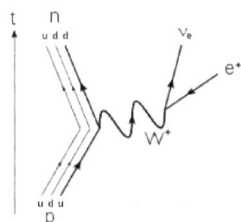

Figura 17. El Diagrama de Feynman de la Emisión de Neutrinos Electrónicos.

Del mismo modo, durante una desintegración beta-menos de un neutrón en un protón, se produce la transformación de un quark abajo en un quark arriba, mientras se emite un bosón de calibre W^-, con una carga eléctrica de $-1e$, transfiriendo energía y cargas de color de sus campos gluónicos, para transmutar el electrón antineutrino (un leptón) en un electrón.

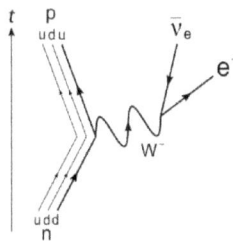

Figura 18. El Diagrama de Feynman de la Emisión de Electrones.

Los bosones de calibre W± son mecanismos gluónicos para extraer o transferir energía de los campos gluónicos, y para transferir cargas de color, durante las transmutaciones de leptones. Los bosones de calibre y sus simetrías proporcionan transformaciones de calibre a las partículas cuánticas que dejan las propiedades cuánticas y las interacciones de campo de las partículas sin cambios en nuestro universo.

Cuando se proporciona el mismo cambio de fase, un cambio de fase global, a través de toda la función de onda de una partícula, a los componentes reales e imaginarios de la función de onda, todos los observables no cambian. La fase global es una simetría de calibre de una partícula o de un sistema. El cuadrado de la función de onda determina la posición de una partícula, aunque el cambio de fase en sí mismo puede ser inobservable.

A partir de las investigaciones anteriores, es posible sugerir que cuando un fotón afecta a un electrón en un átomo, por lo que el electrón puede absorber parte de la energía en el fotón incidente para cambiar su órbita o ser expulsado de su átomo, el efecto fotoeléctrico puede estar causando el inicio del proceso cuántico de la rotura de la paridad de los gluones a nivel atómico. Un electrón también puede manifestarse en un átomo a través de la duplicación de pares de gluones aumentando la carga de color general del electrón resultante.

En los aceleradores de partículas, los electrones y los positrones se producen a través del proceso de producción de pares. En este proceso, un fotón de alta energía que interactúa con el campo electrodébil de una carga pesada crea un electrón y un positrón.

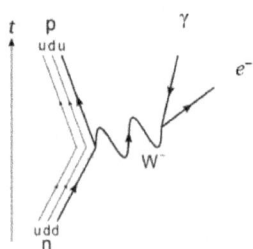

Figura 19. El Diagrama de Feynman de la Emisión de Electrones por un Fotón.

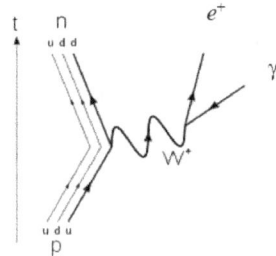

Figura 20. El Diagrama de Feynman de la Emisión de Positrones por un Fotón.

Un fotón puede decaer espontáneamente en una partícula con masa y su antipartícula en un proceso conocido como producción de pares. En este proceso, la energía del fotón se transforma completamente en la masa de las dos partículas. Para que ocurra la producción de pares, la cantidad discreta de energía electromagnética de un fotón debe ser al menos equivalente a la masa de dos electrones.

Cuando se produce la producción de pares, la energía de los fotones que excede esta cantidad se convierte en el movimiento del par electrón-positrón.

En consecuencia, es posible teorizar que a medida que la simetría de cada par de gluones en un fotón se rompe durante la paridad, el campo de gluones de cada par se invierte, viajando en la dirección opuesta como un electrón, como el portador primario de electricidad en conductores sólidos, de acuerdo con el Modelo Estándar de Gluones. Así, el electrón viaja en la dirección de las cargas positivas del potencial de campo, pero el fotón viaja en la dirección opuesta, es decir, en la misma dirección del campo electromagnético.

$$Fotón + W^{\pm} \rightarrow Positrón \; y \; Electrón$$

$$r\bar{r} + b\bar{b} + g\bar{g} + W^{\pm} \rightarrow \bar{r}r + \bar{b}b + \bar{g}g \; and \; -r\bar{r} - b\bar{b} - g\bar{g} \qquad (9.1)$$

Por consiguiente, también existe la transmutación del antineutrino electrónico en el electrón, y el positrón en el neutrino electrónico. Los neutrinos y los antineutrinos se producen en las desintegraciones beta para obedecer la regla de la conservación de los leptones. La producción de un leptón cargado siempre va acompañada del sabor correspondiente de neutrino. En todas las interacciones débiles se siguen las siguientes reglas de conservación: se conserva la carga eléctrica, se conserva el número de leptón menos el número de antileptón, se conserva el número de quark menos el número de antiquark y se permite el cambio del sabor de los leptones o los quarks. Por eso, es razonable teorizar que los pares de gluones en la subestructura de cada sabor de neutrino, o de cada leptón cargado, se conservan. En consecuencia, formulemos las ecuaciones gluónicas para el neutrino electrónico y el antineutrino electrónico utilizando sus números de leptones.

$$W^- \times \text{Antineutrino Electrónico} \rightarrow \text{Electrón}$$

$$W^- \times (-1)(\bar{r}r + \bar{b}b + \bar{g}g) \rightarrow (+1)(-r\bar{r} - b\bar{b} - g\bar{g}) \quad (9.2)$$

$$W^- \times (-\bar{r}r - \bar{b}b - \bar{g}g) \rightarrow -r\bar{r} - b\bar{b} - g\bar{g} \quad (9.3)$$

Por lo tanto, el W^- puede definirse como el operador negativo de la interacción débil de quiral-izquierdo de la siguiente manera:

$$W^- \equiv -i\hbar \frac{\partial}{\partial t} e^{-i\omega_{w-}t} \quad (9.4)$$

$$W^- \equiv \frac{\hbar^2}{2m_{w-}} \nabla^2 - V(\vec{r},t) \quad (9.5)$$

Aplicando el operador W^- sobre el antineutrino electrónico, tenemos

$$W^- \cdot \bar{\nu}_e = -i\hbar \frac{\partial}{\partial t} e^{-i\omega_{w-}t} \cdot e^{-i\omega_{\bar{\nu}_e}t} = -i\hbar \frac{\partial}{\partial t} e^{i(-\omega_{w-}-\omega_{\bar{\nu}_e})t} \quad (9.6)$$

$$W^- \cdot \bar{\nu}_e = -i\hbar \frac{\partial}{\partial t} e^{-i(\omega_{w-}+\omega_{\bar{\nu}_e})t} = i^2\hbar(-\omega_{w-}-\omega_{\bar{\nu}_e})e^{-i(\omega_{w-}+\omega_{\bar{\nu}_e})t} = -\hbar\omega_e e^{-i\omega_e t} \quad (9.7)$$

$$W^- \cdot \bar{\nu}_e = -\hbar\omega_e e^{-i\omega_e t} \quad (9.8)$$

Donde el operador de interacción débil W⁻ es un operador de energía y de onda,

$$W^- \equiv -i\hbar \frac{\partial}{\partial t} e^{-i\omega_{w-}t} = -\hbar\omega_{w-}\frac{\partial}{\partial t}\left(\text{Cos}(-\omega_{w-}t) - i\,\text{Sin}(-\omega_{w-}t)\right) \quad (9.9)$$

$$W^- = -\hbar\omega_{w-}\left\{-\text{Sin}(\omega_{w-}t) - i\,\text{Cos}(-\omega_{w-}t)\right\} = \hbar\omega_{w-}\,\text{Sin}\,\omega_{w-}t + i\hbar\omega_{w-}\,\text{Cos}\,\omega_{w-}t \quad (9.10)$$

$$W^- = \hbar\omega_{w-}\,\text{Sin}\,\omega_{w-}t + i\hbar\omega_{w-}\,\text{Cos}\,\omega_{w-}t = -i\hbar\omega_{w-}\,e^{-i\omega_{w-}t} \quad (9.11)$$

Del mismo modo, el W^+ puede definirse como el operador positivo de la interacción débil de quiral-izquierdo de la siguiente manera:

$$W^+ \times \text{Positrón} \rightarrow \text{Neutrino Electrónico}$$

$$W^+ \times (-1)(-\overline{r}r - \overline{b}b - \overline{g}g) \rightarrow (+1)(r\overline{r} + b\overline{b} + g\overline{g}) \quad (9.12)$$

$$W^+ \times (\overline{r}r + \overline{b}b + \overline{g}g) \rightarrow r\overline{r} + b\overline{b} + g\overline{g} \quad (9.13)$$

$$W^+ \equiv +i\hbar \frac{\partial}{\partial t} e^{-i\omega_{w+}t} \quad (9.14)$$

$$W^+ \equiv -\frac{\hbar^2}{2m_{w-}}\nabla^2 + V(\vec{r},t) \quad (9.15)$$

Aplicando el operador W^+ sobre el positrón, tenemos

$$W^+ \cdot e^+ = +i\hbar\frac{\partial}{\partial t}e^{-i\omega_{w+}t} \cdot e^{-i\omega_{e+}t} = +i\hbar\frac{\partial}{\partial t}e^{i(-\omega_{w+}-\omega_{e+})t} \quad (9.16)$$

$$W^+ \cdot e^+ = +i\hbar\frac{\partial}{\partial t}e^{i(-\omega_{w+}-\omega_{e+})t} = i^2\hbar(-\omega_{w+}-\omega_{e+})e^{i(-\omega_{w+}-\omega_{e+})t} = +\hbar\omega_{v_e}e^{-i\omega_{v_e}t} \quad (9.17)$$

$$W^+ \cdot e^+ = +\hbar\omega_{v_e}e^{-i\omega_{v_e}t} \quad (9.18)$$

Donde el operador de la interacción débil W^+ es un operador de energía y de onda,

$$W^+ \equiv +i\hbar \frac{\partial}{\partial t} e^{-i\omega_{w+}t} = +\hbar\omega_{w+} \frac{\partial}{\partial t}\left(\text{Cos}\left(-\omega_{w+}t\right) - i\text{Sin}\left(-\omega_{w+}t\right)\right) \quad (9.19)$$

$$W^+ = \hbar\omega_{w+} \frac{\partial}{\partial t}\left(\text{Cos}\left(\omega_{w+}t\right) - i\text{Sin}\left(\omega_{w+}t\right)\right) \quad (9.20)$$

$$W^+ = \hbar\omega_{w+}\left\{-\text{Sin}\left(\omega_{w+}t\right) - i\text{Cos}\left(\omega_{w+}t\right)\right\} = -\hbar\omega_{w+}\text{Sin}\,\omega_{w+}t - i\hbar\omega_{w+}\text{Cos}\,\omega_{w+}t \quad (9.21)$$

$$W^+ = -\hbar\omega_{w+}\text{Sin}\,\omega_{w+}t - i\hbar\omega_{w+}\text{Cos}\,\omega_{w+}t = +i\hbar\omega_{w+}\,e^{-i\omega_{w+}t} \quad (9.22)$$

Es interesante observar que el operador W^- desplaza el ángulo de fase del antineutrino del electrón de quiral-izquierdo que interactúa en -90^0 a la izquierda, y el operador W^+ desplaza el ángulo de fase del positrón de quiral-izquierdo que interactúa en $+90^0$ a la derecha. Por lo tanto, se plantea la hipótesis de que la modulación de la frecuencia angular "ω" de los operadores $W\pm$ dota al electrón o neutrino electrón resultante de mayor o menor masa. Es interesante que la ecuación de Schrodinger pueda expresarse en términos del bosón $W\pm$ como $-W^-[\Psi(r, t)] = i\hbar\omega_{w-}\,e^{-i\omega_{w-}t}\,[\Psi(r, t)]$, o $W^+[\Psi(r, t)] = i\hbar\omega_{w+}\,e^{-i\omega_{w+}t}\,[\Psi(r, t)]$, que describe la evolución de la función de onda como el objeto matemático que contiene toda la información de una partícula o un sistema físico en particular.

Aparte, el bosón W de la interacción débil es una partícula masiva de espín-1 y de quiral-izquierdo, que asume cualquiera de las tres helicidades: W_0 tiene una helicidad-longitudinal, y dos son estados transversales, W^- tiene una helicidad-izquierda y W^+ tiene una helicidad-derecha. La helicidad-izquierda o el quiral-izquierdo es negativo, y la helicidad-derecha o el quiral-derecho es positivo. Cuando un bosón W u otro bosón de calibre adquiere masa a través del mecanismo de Higgs, este bosón también debe adquirir un estado de polarización longitudinal que no existe para un bosón de calibre sin masa. Para un bosón W altamente impulsado, hay una clara distinción entre los estados de polarización transversal y longitudinal. Sin embargo, la forma en que otras partículas elementales adquieren masa del bosón de Higgs es acoplándose al bosón de Higgs, por lo que esas partículas deben ser de quiral-izquierda y de quiral-derecha, y el bosón de Higgs necesita acoplarse a partículas de quiral-izquierda y de quiral-derecha que están juntas. Eso funciona para todas las partículas excepto los neutrinos. Los neutrinos se mezclan entre sí a medida que se propagan, por lo que deben tener masas. ¿Cómo adquieren los neutrinos sus masas?

Actualmente se piensa que o bien el neutrino es muy pesado y requiere mucha energía para ser creado o los neutrinos son partículas de Majorana (las versiones de neutrinos de quiral-izquierdo y de quiral-derecho son las mismas). El ajuste global de los parámetros de oscilación de los neutrinos determina las masas de la mezcla de neutrinos, la longitud de onda de la mezcla y los ángulos de mezcla para determinar cuánto se mezclan los neutrinos. ¿Se apoya la hipótesis anterior de que la modulación de la frecuencia angular "ω" de los operadores W± dotan a los neutrinos de sus masas? En consecuencia, es posible que se necesiten más experimentos a largo plazo con neutrinos para llegar a un nivel significativo de confianza. ¿Cuál es la masa de un neutrino electrónico o un antineutrino electrónico que interactúa con el Bosón W± ?

La Masa de un Neutrino Electrónico o de un Antineutrino Electrónico es:

$$\equiv 10^{-54} Kg \bigg/ \sqrt{1 - \frac{v^2}{c^2}} \qquad (9.23)$$

Donde v ~ c para un neutrino o un antineutrino, y la masa del fotón es de aproximadamente 10^{-54} Kg. El positrón que interactúa con el bosón W⁺ es de quiral-izquierdo, con un número de leptón de −1, y una carga +1, y el neutrino electrónico producido es de quiral-izquierdo, con un número de leptón de +1, y una carga de 0. El antineutrino electrónico que interactúa con el bosón W⁻ es de quiral-izquierdo, con un número de leptón de −1, y una carga de 0, y el electrón producido es de quiral-izquierdo, con un número de leptón de +1, y una carga −1.

Aparte, la masa del bosón W± es ~ $1.433028377 \times 10^{-25}$ Kg (~80.4 GeV), la masa del electrón es ~ $9.10938356 \times 10^{-31}$ Kg, el neutrino electrónico es ~ 0.07 eV o ~ 1.25×10^{-37} Kg cuando v ~ c, la masa promedio de neutrinos es < 0.120 eV (< 2.14 × 10^{-37} Kg), con un nivel de confianza del 95%, para la suma de tres sabores de neutrinos. El antineutrino electrónico tiene la misma masa pero con una carga opuesta al neutrino electrónico. El rango efectivo de la interacción débil que es de alrededor de 10^{-16} m a 10^{-17} m. A 10^{-18} m, la interacción débil tiene una fuerza de una magnitud similar a la fuerza electromagnética. La masa del bosón Z_0 es ~ 1.625555857 × 10^{-25} Kg (~91.2 GeV), aproximadamente un 12.5% más pesada que el bosón W±.

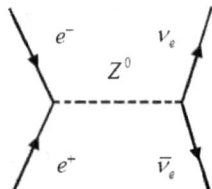

Figura 21. Un par electrón-positrón sufre aniquilación, creando un bosón Z_0 que posteriormente se desintegra en un neutrino electrónico y un par de antineutrinos electrónicos. El bosón Z_0 se desintegra en alrededor del veinte por ciento de los casos en un par de neutrino-antineutrino.

Los neutrinos no son observables en la actualidad y solo se pueden medir cuando falta algo de energía o hay un momento transversal después de la colisión, ya que se sabe que tanto la energía como el momento transversal deben conservarse en la colisión.

El bosón Z_0 es su propia antipartícula. Por lo tanto, todos sus números cuánticos de sabor y cargas son cero. El intercambio de un bosón Z_0 entre partículas, conocido como una interacción de corriente neutra, deja a las partículas que interactúan sin verse afectadas, excepto por una transferencia de espín y/o de un momento. A diferencia de la interacción débil del bosón W±, el bosón Z_0 se acopla a los estados de quiral-izquierdo y de quiral-derecho con diferentes fortalezas, no por igual.

Entonces, ¿dónde están todos los neutrinos de quiral-derecho y los antineutrinos de quiral-izquierdo?

La interacción débil, o la fuerza débil, en términos de la teoría electro-débil, como el mecanismo de interacción entre las partículas subatómicas, causa la desintegración radiactiva y juega un papel esencial en la fisión nuclear. La interacción débil a veces se conoce como la dinámica del sabor. Además, la interacción débil es la única interacción fundamental que rompe la simetría de la paridad de carga. Por ejemplo, la interacción débil ocurre dentro del límite de un protón como una interacción fundamental de la naturaleza. (Nieves, 2020)

Un neutrón puede desintegrarse en un protón, un electrón y un electrón antineutrino, a través de la interacción débil. El carbono–14 (6 protones y 8 neutrones) es un ejemplo de una desintegración beta–menos a nitrógeno–14 (7 protones y 7 neutrones) más un antineutrino y un electrón. Los colores y los anticolores juegan un papel esencial en la interacción débil en los niveles más profundos de la naturaleza. Todas las interacciones débiles son interacciones gluónicas de campo muy cercano dentro del límite de una partícula. El intercambio de bosones de calibre W± y Z_0 no solo causa la transmutación de un quark, es decir, cambiando el sabor de un quark, dentro de los hadrones, sino que también cambia los propios hadrones. Por ejemplo, un protón puede descomponerse en un neutrón, transformando un quark arriba (udu), con una carga eléctrica de $+(2/3)e$, en un quark abajo (udd), con carga eléctrica de $-e/3$, mientras emite un bosón W^+ de calibre, para transmutar un positrón en un neutrino electrónico. Otro ejemplo es la captura de electrones, una variante común de la desintegración radiactiva, donde un protón y un electrón dentro de un átomo interactúan, el protón se cambia a un neutrón, un quark arriba se cambia a un quark abajo, y el electrón se cambia a un neutrino electrónico y se emite. Los bosones W± y Z_0, junto con el fotón, son los bosones de calibre de la interacción electrodébil.

En consecuencia, es posible hacer las siguientes observaciones:

1. La interacción débil, o el bosón W±, se acoplará a las partículas de helicidad-izquierda y helicidad-derecha, como un electrón y un positrón. No obstante, el bosón W± solo se acoplará a los electrones de quiral-izquierdo y a los positrones de quiral-izquierdo y no se acoplará a los electrones de quiral-derecho o a los positrones de quiral-derecho.

2. Durante la interacción débil del bosón W⁻ y el antineutrino electrónico que hace el electrón, hay rotura de la simetría que transmuta los pares de gluones, rompiendo la simetría de la paridad de los pares de gluones a los pares de gluones transpuestos del electrón. Por lo tanto, cuando un antineutrino electrónico de quiral-izquierdo interactúa con el bosón W⁻, se produciría una rotura de la simetría similar a sus pares de gluones para producir un electrón de quiral-izquierdo. Esta reacción puede ocurrir en un neutrón dentro de un átomo o en un neutrón que flota libremente.
3. Durante la interacción débil del bosón W⁺ y el positrón que hace el neutrino electrónico, hay rotura de la simetría que transmuta los pares de gluones, rompiendo la simetría de la paridad de los pares de gluones a los pares de gluones transpuestos del positrón. Por consiguiente, cuando un positrón de quiral- izquierdo interactúa con el bosón W⁺, se produciría una rotura de la simetría similar a sus pares de gluones para representar un neutrino electrónico de quiral-izquierdo.
4. El neutrino electrónico y el antineutrino electrónico tienen la misma quiralidad, y el electrón y el positrón tienen la misma quiralidad, pero tienen una helicidad (o una polaridad) opuesta, durante las interacciones débiles en los casos considerados, de acuerdo con los principios de la polarización y de la correspondencia quiral.
5. La interacción débil es la única interacción que infringe P, o la simetría de la paridad, y la CP, o la simetría de la carga–paridad, debido a la rotura de la simetría que puede transmutar los pares de gluones. *La interacción débil es única ya que puede transmutar los sabores de los quarks, cambiando un tipo de quark en otro. Este es el principio de la transmutación de la carga y la paridad de la interacción débil.*
6. La constante de acoplamiento de la interacción débil es un indicador de la fuerza de la interacción débil, aproximadamente 10^{-6} a 10^{-7}, es decir, la relación de las masas de las partículas representadas por la interacción débil, o el bosón W±. En los casos considerados, la relación de masa del antineutrino electrónico al electrón, o la relación de la masa del neutrino electrónico al positrón.
7. El proceso de producción de pares de las partículas convierte la energía radiante en la materia, para conservar la energía y el impulso. A medida que un fotón interactúa con un bosón W±,

la interacción débil hace un par de electrón–positrón cerca de un núcleo. En consecuencia, el electrón podría ser de quiral-izquierdo, como el bosón W±, por el principio de la correspondencia zurda de la interacción débil, y su positrón conjugado podría ser de quiral-derecho de acuerdo con las leyes de la conservación de la energía y del momento.
8. Las partículas pueden, en principio, ser de quiral-izquierdo o de quiral-derecho. Un experimento en el LHCb proporcionó una nueva evidencia de que los bosones W± que median la fuerza débil son todos de quiral-izquierdo, o zurdos, con una helicidad negativa. Los bosones W± interactuaban solo con los quarks de quiral-izquierdo. Eso puede proporcionar una posible explicación de por qué el bosón de calibre W± transmutaría un fotón en un electrón o un positrón con la simetría de la carga y la paridad. Los fotones son partículas sin masa con su quiralidad igual a su helicidad, es decir, con una invariancia relativista, un fotón parece girar en la misma dirección a lo largo de su eje de movimiento independientemente del punto de vista del observador.
9. Es razonable teorizar que todos los neutrinos electrónicos observables producidos por la interacción débil son los neutrinos electrónicos de quiral-izquierdo, puede deberse al principio de la correspondencia zurda de la interacción débil del bosón W±. El mecanismo de la interacción débil puede no estar produciendo neutrinos electrónicos de quiral-derecho, que pueden ser muy difíciles de detectar, y pueden o no existir en nuestro universo.
10. El mecanismo de la interacción débil en cada átomo utiliza antineutrinos electrónicos de quiral- izquierdo para producir electrones, los cuales son muy comunes. Cuantos más antineutrinos electrónicos sean utilizados por el bosón W^-, más común sería encontrar los antineutrinos electrónicos de quiral-derecho que no han sido utilizados. Los electrones se encuentran en cada átomo de la materia que existe en el universo.

Es interesante observar que dado que el mecanismo de la interacción débil no interactúa con el positrón de quiral-derecho, o puede no utilizar los antineutrinos electrónicos de quiral-derecho, la preferencia por las partículas de quiral-izquierdo o las antipartículas de quiral-izquierdo sobre las antipartículas de quiral- derecho del mecanismo de la interacción débil, puede contribuir en cierta medida a la preferencia y la formación de la materia sobre la antimateria en nuestro universo observable.

§ 10. La teoría del gluón como una subestructura de las partículas elementales.

Los gluones no tienen masa como los fotones. Los gluones se consideran campos cuánticos. Los quarks están hechos de los gluones sin masa, ¡pero tienen masa! Los nucleones están hechos de los quarks. El átomo tiene masa. Como resultado, pueden acercarse, pero nunca alcanzar, la velocidad de la luz en el vacío.

El mecanismo de Higgs es esencial para explicar el mecanismo de generación de la propiedad de "masa" para los bosones de calibre (γ, g, $W\pm$, Z^0). El fotón "γ" es un bosón de calibre. El campo de Higgs da masa a otras partículas fundamentales como electrones y quarks.

La fuerza nuclear fuerte es la más potente de la naturaleza, billones de veces más fuerte que la gravedad. Si se usa energía para dividir un par de quarks, se producen nuevos quarks, así es como se produjo la materia cuando se formó el Universo.

Masa (GeV)	Fermiones			Bosones
	Primera Generación	Segunda Generación	Tercera Generación	
10^3				
10^2			Superior	$W\pm$, ▼H, Z^0
10^1				
10^0		Encanto	Fondo, Tau	
10^{-1}		Extraño, Muón		
10^{-2}	Arriba, Abajo			
10^{-3}	e			
10^{-4}				
10^{-5}	–	–	–	–
10^{-6}	–	–	–	–
10^{-7}	–	–	–	–
10^{-8}	–	–	–	–
10^{-9}	▲	▲	▲v_τ	
10^{-10}	v_e	▼v_μ		γ
10^{-11}	▼			g

Tabla 3. Las Masas de las Partículas del Modelo Estándar de los Gluones.

El fotón consiste en tres pares de gluones ~ antigluones, con carga cero, $0e$, dentro de un cierto volumen espaciotemporal o una superficie externa del volumen. ¿Por qué un electrón no consistiría en tres quarks (abajo, extraño, fondo) con una carga de $3 \cdot (-e/3) = -e$, los 6 pares de gluones negativos~antigluones que componen un fotón o 3 quarks, dentro de un cierto volumen espaciotemporal o una superficie exterior?

Las expresiones actuales de los campos electromagnéticos de un fotón describen adecuadamente las características de las partículas de un fotón. La longitud de un fotón es la mitad de la longitud de onda y el radio es proporcional a la raíz cuadrada de la longitud de onda.

Un fotón puede ionizar un átomo de hidrógeno en estado fundamental sólo si su radio es menor que el radio de Bohr. *Un fotón y su copia tienen la diferencia de fase de π y constituyen un par de fotones entrelazados en fase.* El fotón puede considerarse una partícula quark ~ antiquark con los 3 colores, con su copia.

Un fotón tiene forma de varilla delgada si su energía es menor que la energía en reposo de un electrón y como una placa si su radio es menor que el radio clásico de un electrón.

Un electrón libre no acelerado sólo puede emitir un fotón, cuando es aniquilado al chocar con un positrón. Ambas partículas se convertirán en rayos gamma, un fotón cada uno, con una energía de aproximadamente 0.51 MeV. ¿Es el fotón emitido lejos de la colisión por la paridad intrínseca de los pares de gluones?

$$g^a = \begin{vmatrix} r & b & g \end{vmatrix} \lambda^a \begin{vmatrix} \overline{r} \\ \overline{b} \\ \overline{g} \end{vmatrix} \qquad (10.1)$$

El quark y el gluon tienen colores. El color del quark puede representarse como un triángulo equilátero, y las denotaciones r, g, b, $\overline{r}, \overline{g}, \overline{b}$, para colores y anticolores se eligen arbitrariamente.

En CDC, la simetría de color SU(3) es proporcionada por la interacción fuerte que es invariante bajo las rotaciones en el espacio de color, $U = e^{-i\alpha_a \lambda^a}$, conocida como una simetría que no es abeliana, con la misma interacción fuerte para los tres colores.

Por consiguiente, para los estados del quark tenemos para los siguientes colores:

$$r = \begin{vmatrix} 1 \\ 0 \\ 0 \end{vmatrix} \quad (10.2)$$

$$b = \begin{vmatrix} 0 \\ 1 \\ 0 \end{vmatrix} \quad (10.3)$$

$$g = \begin{vmatrix} 0 \\ 0 \\ 1 \end{vmatrix} \quad (10.4)$$

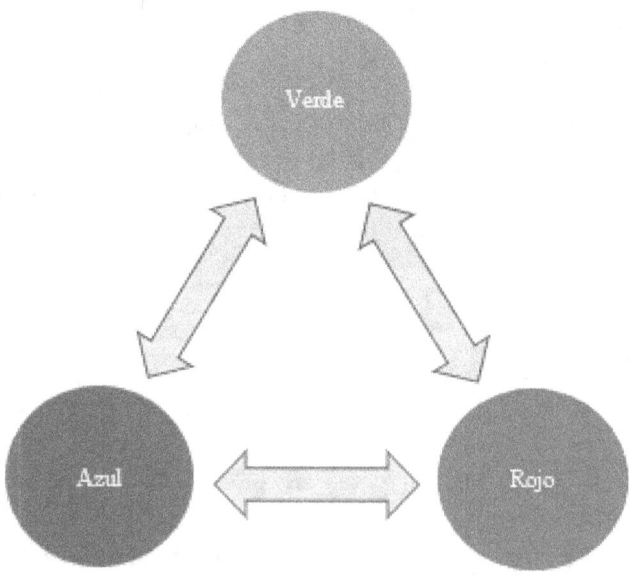

Figura 22. Los Colores de la Fuerza.

Los experimentos limitan la masa en reposo del gluón a menos de unos pocos MeV/c². El gluón tiene paridad intrínseca negativa. La paridad es la voltereta en el signo de las tres dimensiones espaciales. Esta condición apoya la hipótesis de que el electrón puede consistir en 3 pares negativos de gluones ~ antigluones.

¿Consiste el neutrino electrónico en los pares de gluones? Por ejemplo. $r\bar{r} + b\bar{b} - 2g\bar{g}$ ¿Es un neutrino una partícula elemental sin subestructura? o podría consistir en gluones como el fotón o el electrón?

Planteemos la hipótesis de que el neutrino electrónico está representado por $r\bar{r} + b\bar{b} - 2g\bar{g}$ que serían dos pares de gluones que podrían estar representados por $r\bar{r} - g\bar{g}$ and $b\bar{b} - g\bar{g}$.

Se puede plantear la hipótesis de que estos son quarks virtuales. Un par de quark~antiquark forma un mesón. Los bariones son trillizos de quarks. Los mesones y los bariones son hadrones. Los estados vinculados compuestos de quarks y gluones, se conocen colectivamente como partones.

¿Cómo se producen estos dos pares? Según experimentos recientes, un par positivo de gluones rojos y un par positivo de gluones azules de la misma intensidad tienen una afinidad para combinarse con dos pares negativos de gluones verdes. ¿Podría ser posible que los dos pares negativos de gluones verdes $-2g\bar{g}$ tengan la mitad de la intensidad del color?

Se puede teorizar que un fotón $r\bar{r} + b\bar{b} + g\bar{g}$ puede combinarse con un neutrino $r\bar{r} + b\bar{b} - 2g\bar{g}$ y producir un par de gluones verdes ~ antiverdes, $-g\bar{g}$, o un electrón y un neutrino pueden combinarse para producir un triplete negativo de gluones verdes ~ antiverdes $-3g\bar{g}$ que luego pueden recombinarse con un par positivo rojo o azul de gluones ~ antigluones.

Para que el neutrino tenga una carga de color neutro como se teorizó, las cargas de color rojo y azul tendrían que ser de la misma intensidad, pero la carga de color verde tendría que ser la mitad de la intensidad de las cargas rojas o azules. Si estas hipótesis se apoyan empíricamente, todos los fermiones o los leptones, que se llaman partículas elementales en el modelo estándar actual, tienen una subestructura de gluones. Entonces, incluso un bosón, un portador de fuerza, como un fotón puede tener una subestructura de gluones.

Es posible sugerir que si estas partículas pueden generarse a partir de colisiones de alta energía entre los fotones, todas las partículas tienen un origen gluónico común como la partícula de intercambio (o el bosón de calibre) para la fuerza nuclear fuerte y la sustancia espaciotemporal como sugiere "Una Teoría Dinámica of Espacio-Tiempo." ¿Es todo cuestión de las ondas y los bosones? (Nieves, 2020)

Los gluones de paridad negativa e intrínseca.

En la mecánica cuántica, una transformación de paridad es la voltereta en el signo de una coordenada espacial. En tres dimensiones, también puede referirse al volteo simultáneo en el signo de las tres coordenadas espaciales. La paridad intrínseca es un factor de fase que surge como un valor propio de la operación de paridad.

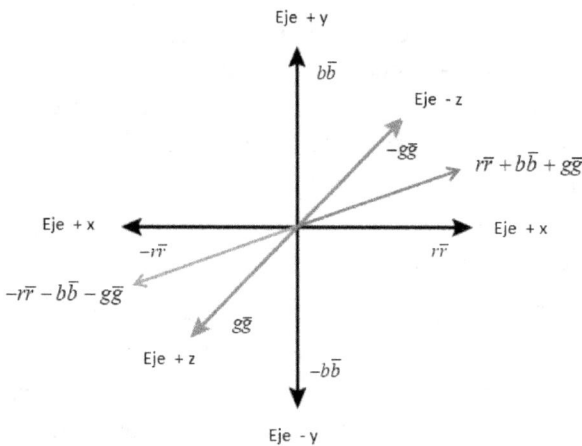

Figura 23. Los Ejes de las Coordenadas Cartesianas Espaciotemporales–Color de Cuerdas.

En la mecánica cuántica, las transformaciones espacio-temporales actúan sobre los estados cuánticos. La transformación de paridad, $\hat{P}$, es un operador unitario, que en general actúa sobre un estado Ψ de la siguiente manera:

$$\hat{P}\psi(r) = e^{\frac{i\phi}{2}}\psi(-r) \qquad (10.5)$$

La operación de paridad o la inversión espacial convierte la lateralidad de un sistema de coordenadas en izquierda: x $-\to$ $-$x, y $-\to$ $-$y, z $-\to$ $-$z. Consideramos la operación de paridad, es decir, dejamos que el operador de la paridad π actúe en los vectores de un espacio de Hilbert y mantenga fijo el sistema de coordenadas, tenemos: $|\alpha\rangle - \to \pi/|\alpha\rangle$. Por lo tanto, la paridad negativa puede interpretarse como el cambio de dirección a lo largo de una dimensión de la onda retardada a la onda avanzada en un punto arbitrario. Por consiguiente, un par de gluones puede cambiar de dirección a medida que adquiere la paridad negativa o un signo negativo espaciotemporal. Si un fotón cambia de dirección como resultado de la paridad negativa, tiene la probabilidad de convertirse en un electrón en la dirección opuesta a su trayectoria, ya que cada par de gluones tiene una carga negativa de $-e/3$. La carga es igual al producto de una longitud espacial y una longitud temporal. A medida que los pares de gluones viajan en la onda avanzada, adquieren el atributo temporal de carga además de su longitud espacial.

$$\lambda_e = \frac{2(-r\bar{r} - b\bar{b} - g\bar{g})}{\sqrt[2]{6}} = \frac{1}{\sqrt[2]{3}} \begin{vmatrix} i^2 & i^2 & 0 & 0 & 0 & 0 \\ i^2 & i^2 & 0 & 0 & 0 & 0 \\ 0 & 0 & i^2 & i^2 & 0 & 0 \\ 0 & 0 & i^2 & i^2 & 0 & 0 \\ 0 & 0 & 0 & 0 & i^2 & i^2 \\ 0 & 0 & 0 & 0 & i^2 & i^2 \end{vmatrix} \qquad (10.6)$$

$$\hat{P}\lambda_0(g) = e^{\frac{i\phi}{2}}\lambda_e(-g) \qquad (10.7)$$

La paridad ha sido considerada durante mucho tiempo como la tercera noción de la simetría, después de la atracción o la repulsión en la polaridad de las cargas, para ser la invariancia de las leyes y el comportamiento físico cuando se miran en un espejo.

Desde principios de la década de 1950, se demostró para la fuerza nuclear débil que habría múltiples violaciones de dos de esas simetrías. Si cambias la polaridad de las cargas y las miras en un espejo, habría una ruptura de las simetrías. Estas rupturas de las simetrías tienen implicaciones muy serias para la microestructura de la materia, pero también pueden tener implicaciones para la macroestructura del universo. (Yang, 1952)

Aparte, cada cosa física es libre de ser lo que es y lo que fue hecha para hacer. Una cosa física puede manifestarse o dirigirse a sí misma. Así que cada cosa física está supeditada a lo que ya es contingente.

Algunas cosas que observamos son el resultado de lo que no observamos. El universo visible es parte de la evidencia y parte del resultado de lo que puede no ser visible.

¿Se puede representar un gluón como una onda? Los gluones exhiben dualidad de partículas. Los quarks y los gluones están confinados dentro de los hadrones, tienen una longitud de onda máxima en el orden de la escala de confinamiento. Se dice que los gluones son imperceptibles al sabor; es decir, no distinguen entre los sabores de los quarks.

Después de introducir el color, la función de onda completa de los hadrones ahora se puede escribir como:

$$\Psi_{Completa} = \Psi_{Espacio} \Psi_{Espín} \Psi_{Sabor} \Psi_{Color} \qquad (10.8)$$

Por consiguiente, la función de onda de un barión cambia de signo si se intercambian dos quarks, como lo requiere el principio de Pauli. El principio de Pauli establece que la función de onda completa debe ser antisimétrica bajo el intercambio de cualquier par de fermiones idénticos, y simétrica bajo el intercambio de cualquier par de bosones idénticos.

Las partículas se clasifican en bosones y fermiones, pero en realidad esto no se trata tanto de su espín, sino más bien de la identidad cuántica de las partículas.

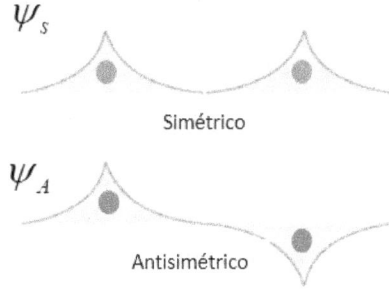

Figura 24. La Simetría con respecto al Intercambio de Partículas.

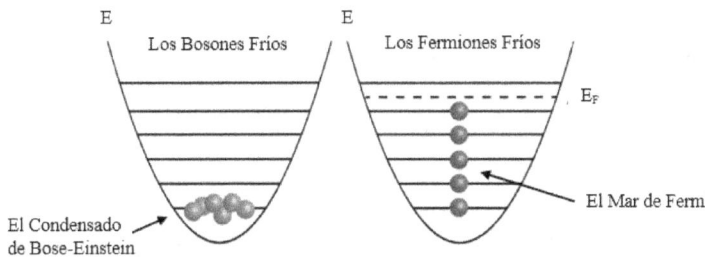

Figura 25. La Simetría de los Bosones y los Fermiones Fríos.

Del mismo modo, las funciones de onda de los mesones son singletes de color. Una carga de color cero significa que los hadrones tienen las siguientes funciones de onda de color:

$$\frac{1}{\sqrt{3}}(q\bar{q}) \rightarrow \frac{1}{\sqrt{3}}\left(r\bar{r} + b\bar{b} + g\bar{g}\right) \qquad (10.9)$$

Se asumió que las funciones de onda de los hadrones eran singletes del grupo de colores. Las funciones de onda bariónica son antisimétricas en los índices de color, denotadas por rojo (r), verde (g) y azul (b):

$$\frac{1}{\sqrt{6}}(qqq) \rightarrow \frac{1}{\sqrt{6}}\left(rgb - rbg + brg - bgr + gbr - grb\right) \qquad (10.10)$$

La sección transversal para la aniquilación electrón-positrón en hadrones a altas energías depende de los cuadrados de las cargas eléctricas de los quarks y del número de colores. Para tres colores esto lleva a:

$$\frac{\sigma(e^+ + e^- \to hadrones)}{\sigma(e^+ + e^- \to \mu^+ + \mu^-)} \to 3\left[\left(\frac{2}{3}\right)^2 + \left(-\frac{1}{3}\right)^2 + \left(-\frac{1}{3}\right)^2\right] = 2 \quad (10.11)$$

Sin colores esta relación sería de 2/3. Los datos experimentales, sin embargo, estaban de acuerdo con una proporción de 2. Todos los estados observados (todos los mesones y los bariones) tienen una carga de color total que es cero. Esto se llama confinamiento de color. Los bosones de calibre se acoplan a las cargas conservadas: En la Electrodinámica Cuántica (EDC): Los fotones se acoplan a las cargas eléctricas (Q). En la Cromodinámica Cuántica (CDC): Los gluones se acoplan a las cargas de color. ¡Los fotones no llevan cargas eléctricas, pero los gluones sí llevan cargas de color de la cromodinámica cuántica!

Los gluones no existen como partículas libres ya que tienen carga de color. Los gluones no tienen masa, sus relaciones frecuencia/longitud de onda/momento/energía son las mismas que para los fotones. El gluón no tiene masa, y por lo tanto, los gluones viajan a la velocidad de la luz cuando se crean y aniquilan en su proceso de intercambio dentro de los nucleones. Los hadrones contienen solo gluones virtuales, que no obedecen a las relaciones ordinarias entre la energía y la longitud de onda. Las colisiones de alta energía crean gluones reales. La función de la estructura de fotones, en la teoría cuántica de campos, describe el contenido de los quarks del fotón. La función está definida por el proceso $e + \gamma \to e +$ hadrones. Este proceso se ha derivado de los análisis experimentales de la función de la estructura de los fotones. Los experimentos utilizan las llamadas reacciones de dos fotones en los colisionadores de electrón-positrón $e-e+ \to e-e+ + h$, donde "h" incluye todos los hadrones del estado final. Por consiguiente, el fotón consiste en gluones.

Si un electrón puede consistir en pares de gluones, ¿por qué no usaría la naturaleza una combinación de pares de gluones para crear un electrón o cualquier leptón más pesado que un electrón? ¿Consisten los fermiones y los leptones en los pares de gluones? Un electrón puede descomponerse en un fotón, y un fotón consiste en gluones.

Un electrón es fundamental porque todos no son únicos. Generalmente se piensa que los electrones son partículas elementales porque no tenían componentes o una subestructura conocida. Los gluones podrían ser esa subestructura. ¿Podría un electrón representar una generación fundamental de pares de gluones con una carga negativa debido a la paridad?

$$gluones \rightarrow -\gamma \rightarrow e^- \qquad (10.12)$$

Si un electrón no acelerado es aniquilado por un positrón, cada leptón se convierte en un fotón de un rayo gamma. El momento del impacto de la colisión materia-antimateria invierte la orientación física de cada par de gluones en el electrón que causa la ruptura de la simetría o la paridad.

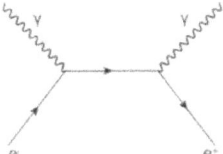

Figura 26. La Aniquilación de un Electrón con un Positrón.

$$-r\overline{r} - b\overline{b} - g\overline{g} \rightarrow \overline{r}r + \overline{b}b + \overline{g}g \rightarrow r\overline{r} + b\overline{b} + g\overline{g} \qquad (10.13)$$

Es posible teorizar que a medida que la simetría de cada par de gluones en un electrón se rompe durante la paridad, el campo de gluones de cada par se invierte, viajando en la dirección opuesta como un fotón o portador de la fuerza electromagnética. Por lo tanto, el fotón viaja en la dirección del campo electromagnético, pero el electrón viaja en la dirección opuesta del campo electromagnético hacia las cargas positivas del potencial de campo.

El Modelo Estándar de los Gluones	$\overline{r}$	$\overline{b}$	$\overline{g}$
r	$\pm r\overline{r}$	$\pm r\overline{b}$	$\pm r\overline{g}$
b	$\pm b\overline{r}$	$\pm b\overline{b}$	$\pm b\overline{g}$
g	$\pm g\overline{r}$	$\pm g\overline{b}$	$\pm g\overline{g}$

Figura 27. El Modelo Estándar de los Gluones.

El color del gluón más común es el rojo, seguido por el azul y luego el verde. El símbolo "±" representa la paridad intrínseca de un par de gluones. Todas las partículas del modelo estándar actual de la física de partículas (el quark, el leptón y el bosón que median fuerzas) pueden ser representadas por el Modelo Estándar de Gluones. La subestructura de todas las partículas de masa consiste en coloración. Es posible teorizar que los gluones son los colores fundamentales de todas las partículas o sistemas de masa.

Los quarks más fuertes están entre dos o tres pares de gluones del mismo color. Un doblete es el más común siendo el rojo el color más abundante en el modelo. Un triplete puede ser un fotón, un leptón o un bosón. Un doblete puede ser cualquier tipo de quark. Un trillizo o doblete puede interactuar con otros trillizos o dobletes, creando o cancelando otros trillizos o dobletes. Los dobletes más estables y comunes consisten en un (<u>color</u> ~ anticolor) ± (color ~ anti<u>color</u>) entre dos colores diferentes. La diagonal principal de la matriz de color del gluón consiste en aquellos elementos que se encuentran en la diagonal que va desde la parte superior izquierda hasta la parte inferior derecha. La diagonal menor se cruza con la principal.

$\pm r\bar{r}$	$\pm r\bar{b}$	$\pm r\bar{g}$
$\pm b\bar{r}$	$\pm b\bar{b}$	$\pm b\bar{g}$
$\pm g\bar{r}$	$\pm g\bar{b}$	$\pm g\bar{g}$

Figura 28. Los Estados de los Colores Estables.

Los Pares de Gluones
$r\bar{r} \pm b\bar{b}$
$b\bar{b} \pm g\bar{g}$
$r\bar{r} \pm g\bar{g}$
$b\bar{b} \pm r\bar{g}$
$b\bar{b} \pm g\bar{r}$
$r\bar{g} \pm g\bar{r}$

Figura 29. Una Lista de los Posibles Dobletes de los Quarks.

A partir de las investigaciones anteriores, es posible teorizar que los dobletes de quarks potenciales, y anteriores de la matriz de color del gluón, pueden recombinarse para generar los fotones, los leptones y los bosones que son mediadores de fuerza. Puede haber pares de gluones que se combinarán aún más con otros pares de gluones libres, se intercambiarán para cambiar el sabor de un quark o se convertirán en parte de los bosones que median la fuerza. De la lista anterior de los posibles dobletes de quarks, el par de gluones de color, $r\bar{r} - b\bar{b}$ y $r\bar{g} \pm g\bar{r}$, permanecen como los estados estables de color. El triplete, $r\bar{r} + b\bar{b} - 2g\bar{g}$, un estado de color estable, puede derivarse de la lista de posibles dobletes de quarks.

El Efecto de la Paridad de los Gluones

A partir de las investigaciones anteriores, la estructura del campo fotónico generalmente está representada por dos componentes, el campo eléctrico y el campo magnético, en cuadratura. Un fotón puede tener una polarización lineal o circular. Un campo eléctrico giratorio y un campo magnético giratorio pueden originarse a partir de un dipolo giratorio de cargas dentro de un conductor. Sin embargo, el campo fotónico puede estar representado por un tercer campo que puede considerarse un campo electromagnético triádico. El fotón ha sido descrito como un haz de luz cuantizado de energía electromagnética que actúa como una partícula, sin masa de reposo, que viaja a la velocidad de la luz, y tiene impulso. La energía cuantizada del fotón está dada por la constante de Planck multiplicada por la frecuencia del fotón. (Nieves, 2021)

El campo magnético es la proyección del campo fotónico en el plano espacial del espacio-tiempo, un campo de presión espaciotemporal. El fotón es un corpúsculo de densidad de energía pura (un cuanto de luz) que crea una presión espaciotemporal alrededor de sí mismo, curvando el medio espaciotemporal en el proceso. El campo eléctrico es la proyección de la fuerza ejercida por la densidad de energía en el plano temporal del espacio-tiempo a lo largo de la dirección de su propagación, una fuerza direccional. La densidad de energía del cuanto de luz viaja sobre la onda temporal capaz de ejercer una fuerza luxonica sobre una partícula cargada durante su trayectoria. (Nieves, 2020)

El campo eléctrico ejerce la fuerza, N/Q, de la masa relativista del fotón y su presión a la velocidad de la luz, a través del medio espaciotemporal sobre las cargas de las partículas y los objetos de masa y energía. El tubo eléctrico de fuerza aplica una fuerza direccional sobre un área de la red atómica, y a través del plénum de un objeto de masa en la dirección de propagación.

El campo magnético ejerce una presión lateral, N/m^2, sobre, pero no limitado a, el medio espaciotemporal y otros tubos paralelos de fuerza. A medida que la onda fotónica sigue su camino desde el Polo Norte de un imán permanente hasta el Polo Sur, algunos tubos de fuerza se extienden a través de las regiones de una mayor presión espaciotemporal cerca de la masa del imán, y los tubos de fuerza posteriores se extienden a la distancia paralela más cercana a los tubos contiguos, ya que todos los tubos de fuerza construyen el campo magnético a través del espacio-tiempo curvo. Es posible plantear la hipótesis de que a medida que el fotón viaja en un campo magnético, perturba el medio espaciotemporal para crear un tubo de fuerza con mayor presión a lo largo de su trayectoria, que se convierte en un tubo magnético giratorio y un conducto magnético estructurado para el siguiente fotón. Si los polos opuestos de dos imanes permanentes se atraen, los tubos de fuerza crean un circuito electromagnético directo, por lo que los polos de los extremos se convierten en los polos opuestos, o los Polos Norte y Sur, del campo electromagnético general del imán compuesto.

En consecuencia, a medida que los electrones fluyen en un circuito eléctrico opuesto al campo eléctrico hacia el ánodo, los electrones (las cargas negativas) serían transportados a través de los tubos eléctricos de fuerza dentro del conductor por un diferencial de presión espaciotemporal que se extiende desde el ánodo hasta el cátodo.

¿De qué está hecho un campo electromagnético?

El campo electromagnético está estrechamente asociado con el fotón. Hay dos tipos de campos electromagnéticos: las ondas y los campos cuasiestáticos. Los campos electromagnéticos cuasiestáticos consisten en los fotones virtuales. Las ondas electromagnéticas consisten en los fotones reales.

Los fotones reales caracterizan el comportamiento de las ondas electromagnéticas. Los fotones reales tienen dos estados de polarización independientes, o una elección de base diversa. La base es un método matemático completo. Los dos estados independientes de los fotones reales son transversales. Los fotones virtuales caracterizan el comportamiento de los campos electromagnéticos cuasiestáticos. Los dos estados independientes de los fotones virtuales son longitudinales.

La interacción electromagnética está mediada por el intercambio constante de los fotones de una partícula, o de un objeto cargado, a otro. Las interacciones electromagnéticas pueden involucrar los fotones reales con sus frecuencias, sus momentos, y sus energías definidas, o el intercambio de los fotones virtuales puede estar involucrado con los campos electrostáticos y los magnéticos. Por lo tanto, es posible sugerir que puede haber una densa nube de fotones virtuales muy cerca de un electrón que puede ser emitido y reabsorbido por el electrón. Algunos de estos fotones virtuales pueden dividirse en los pares de electrón-positrón, que se recombinan en los fotones virtuales que son reabsorbidos por el mismo electrón. Estos circuitos de fotones virtuales protegen la carga del electrón, de modo que desde muy lejos, el electrón parece tener menos carga que de cerca.

Consideremos un circuito capacitivo ideal donde el condensador se alimenta intermitentemente desde su fuente en un vacío perfecto sin ninguna fuente externa de radiación electromagnética. Durante el período de desconexión de la fuente al condensador, el condensador se conecta a una carga a través de un interruptor, donde sus cargas (sus electrones) fluyen a través de los conductores desde el cátodo hasta el ánodo del condensador. En el instante en que el condensador está completamente cargado, la placa catódica muy delgada tiene una distribución uniforme de electrones. Hay un campo eléctrico completo desde el ánodo hasta el cátodo que atrae a los electrones cargados negativamente. En la unión de la placa catódica con el medio espaciotemporal entre las dos placas del condensador, a medida que un electrón de superficie pasa por el proceso cuántico de paridad de los gluones, donde los pares de gluones se voltean debido al potencial de campo eléctrico entre las placas para convertirse en un fotón, el fotón se impulsa hacia el ánodo del condensador para manifestar un campo eléctrico.

A medida que el fotón llega cerca de la unión del medio espaciotemporal con el ánodo, el fotón puede pasar por el proceso cuántico inverso de la paridad de los gluones para convertirse en un electrón en la placa del ánodo, ya que el ánodo eventualmente se llenaría con numerosos electrones que fluyen a través de los conductores del circuito. Dado que el ánodo carece de los electrones, la probabilidad de que ocurra el efecto fotoeléctrico puede ser insignificante. El campo electromagnético también se manifiesta a través de los conductores y alrededor de los conductores a medida que los electrones fluyen a través del medio espaciotemporal del conductor, con el campo eléctrico fluyendo de ánodo a cátodo, según el campo magnético fluye alrededor del conductor por la regla de la derecha de Fleming.

Es posible sugerir que cuando un fotón afecta a un electrón en un átomo, por lo que el electrón puede absorber parte de la energía en el fotón incidente para cambiar su órbita o ser expulsado de su átomo, el efecto fotoeléctrico puede estar causando el inicio del proceso cuántico de paridad de los gluones a nivel atómico. Un electrón también puede manifestarse en un átomo a través de la duplicación de los pares de los gluones aumentando la carga de color general del electrón resultante.

§ 11. La teoría de cuerdas del color.

La representación de un estado de gluón como un corpúsculo de color y una onda puede proporcionar un interesante análisis de frecuencia de la subestructura de partículas y sistemas de masa. Los estados de color, la intensidad de color, y la cantidad de ganancia de masa por un corpúsculo son proporcionales. (Nieves, 2020)

La energía *"E"* de coloración para el color o la(s) carga(s) anticolor(es), puede expresarse como

$$E = \pm k\vec{g}d = \pm \lambdabar \omega_p \vec{g}d \qquad (11.1)$$

donde la barra lambda, $\lambdabar$, es el cuanto de acción de la temperatura de color, o constante de temperatura de color reducida, para un píxel, o un antipíxel, con coloración, $\pm k$, ω_p es la frecuencia angular asociada de vibración en unidades de Planck, $\vec{g}$ es el campo gluónico entre colores y anticolores, en Newtons/±coloración, y d es la distancia entre un color y un anticolor. ¿Cuál sería la aceleración gluónica sobre una carga de color en un medio homogéneo e isótropo?

$$\ddot{\vec{g}} \equiv \frac{\partial \vec{g}}{\partial m'} = \hat{G}(\pm k_p) r^2 \qquad (11.2)$$

$$\hat{G} = \frac{c^2}{\pm k \cdot a} \qquad (11.3)$$

donde $\vec{g}$ es el campo gluónico, m' es la masa virtual relativista de la fuerza de un campo gluónico, $\hat{G}$ es la constante de coloración cuántica de Gell-Mann, $\pm k_p$ es la coloración de los píxeles o los antipíxeles, "r" es la distancia desde el centro de la coloración, "c" es la velocidad de la luz y "a" es el volumen espacial.

Una teoría de cuerdas de color puede describir efectivamente las interacciones de todas las fuerzas electromagnéticas del modelo estándar actual. Los campos gluónicos o de gluones funcionan como las cuerdas que mantienen unidos los quarks con cierta tensión. Los modos de oscilación de estas cadenas de color podrían describir potencialmente todas las partículas dentro del marco cuántico del modelo estándar actual, y es aplicable a la geometría algebraica, la física de agujeros negros, la cosmología y la física de la materia condensada.

Bajo la hipótesis de que el espacio-tiempo es fundamental y emergente, la teoría de cuerdas de color comienza en su exitoso origen de desarrollo donde es una teoría para los gluones y su subestructura de color, sin tener el espacio-tiempo cuantizado por el bien de la eficacia matemática, sino para, y no limitado a, la energía y los campos de los gluones, así como otras características, que permanecen como partes de una teoría de la gravedad cuántica. Incluso si el espacio-tiempo ha sido teorizado en investigaciones anteriores como la quintaesencia y la fuente de todo lo que hay, la teoría de cuerdas de color puede desempeñar un papel crucial como una teoría fundamental de la cual otras teorías exitosas de la masa existente y los sistemas de masa y sus campos físicos relacionados, pueden derivarse y verificarse empíricamente. La premisa central de la teoría de las cuerdas de color es que las cuerdas de color están incrustadas en el espacio-tiempo. Las cuerdas de color consisten en la sustancia espaciotemporal y existen en el fondo espaciotemporal fundamental y emergente. Las cuerdas de color son en forma de resorte y pueden estirarse como cuerdas de la fuerza nuclear fuerte.

Todas las partículas y los portadores de una fuerza pueden expresarse en los términos de las oscilaciones en las cadenas de color. Las ondas de la cadena de color pueden interferir constructiva o destructivamente. Una teoría de color que abarca la supersimetría, una simetría teórica entre los bosones y los fermiones, puede minimizar el número de las dimensiones involucradas y explicar la gran diferencia entre las fuerzas fundamentales. Por consiguiente, la teoría de las cuerdas de color se denominará una teoría de color a partir de este punto dentro de este documento. Propongamos una teoría de cuerdas de color como un marco teórico en el que los píxeles puntuales de la cromodinámica de seis dimensiones son reemplazados por los objetos unidimensionales llamados las cadenas de color. La teoría de cuerdas de color describiría cómo estas cuerdas de color se propagan a través del espacio y el tiempo para interactuar entre sí. Por lo tanto, la teoría de cuerdas de color propone que los constituyentes fundamentales del universo son "cadenas de color" unidimensionales en lugar de píxeles puntuales. La teoría de cuerdas de color propone tres dimensiones del espacio, tres dimensiones del tiempo, tres dimensiones de la carga electromagnética, una dimensión cero para un punto espaciotemporal, un píxel similar a un punto o una fuente de espacio-tiempo-color, y contiene las formas de relacionar las dimensiones espaciotemporales expandidas con las dimensiones espaciotemporales contraídas. La teoría de las cuerdas de color no promete proporcionar una forma de unir la Relatividad General y la Mecánica Cuántica porque se ha encontrado en las investigaciones anteriores que esas dos teorías son parte de una Síntesis de la Teoría Cuántica para el espacio-tiempo de seis dimensiones. (Nieves, 2021)

Las dimensiones propuestas de la teoría de cuerdas de color mencionadas anteriormente también pueden conceptualizarse como las tres dimensiones de las coordenadas espaciales (x, y, z), tres dimensiones de coordenadas temporales $\left(ct_x, ct_y, \text{ and } ct_z\right)$, que son espacialmente comparables y tres dimensiones electromagnéticas de carga que pueden expresarse como el producto de tres dimensiones espaciales adicionales y tres dimensiones temporales. Las dimensiones temporales pueden plegarse en una dimensión temporal resultante para un formalismo (9 + 1) de nueve dimensiones similares al espacio y una dimensión temporal resultante para la eficacia matemática. Si también se incluye una dimensión cero, la teoría de cuerdas de color anterior representaría una teoría de cuerdas de color M con un formalismo (10 + 1) para un marco único de teoría de cuerdas de color con dimensiones mínimas. Si, en principio, el Modelo Estándar de Gluones vive en algún lugar de la región donde yacen las cadenas de color, entonces la geometría de las dimensiones involucradas debe ser verificable y se podrían hacer predicciones comprobables más allá del Modelo Estándar de Gluones. (Nieves, 2020)

La teoría de cuerdas de color va más allá de la descripción actual del universo al reemplazar toda la materia y cada portador de fuerza con un solo elemento: una cadena de color vibrante de tamaño cuántico que se tuerce y gira de una manera complicada que, desde una perspectiva a macroescala, se verían como un píxel puntual. ¿Sería la teoría de cuerdas de color una teoría literal de la coloración, un marco unificador único que explica toda la variedad y los tonos de colores que están presentes en la teoría de la cromodinámica del micro universo en los quarks, los hadrones y las partículas fundamentales, a por qué los leptones tienen la masa que tienen? ¿Representaría la teoría de cuerdas de color una descripción de todas las fuerzas y la materia en una expresión matemática? Las cuerdas de color pueden chocar y rebotar limpiamente sin implicar los infinitos físicamente imposibles. Una cadena de color unidimensional que realmente doma los infinitos que pueden surgir en los cálculos. Una cadena de color extendida de una longitud de un triplete color-anticolor vibra en una frecuencia particular que tiene las propiedades de un fotón, o un leptón, y otra cadena de color extendida de un doblete color-anticolor que se pliega y vibra con una frecuencia diferente que tiene las propiedades de un quark, etcétera. La teoría de cuerdas de color está muy restringida. Solo depende de un parámetro unidimensional, la longitud de la cadena de color. Aunque, se puede esperar que las escalas espaciales, temporales y de energía, involucradas en la teoría de cuerdas de color, puedan tomar los valores cercanos a la unidad en las unidades de Planck.

Por lo tanto, la longitud de la cadena de color puede expresarse aproximadamente en el mismo orden que la longitud de Planck. Además, las dimensiones espaciotemporales son verificables de manera única para ser diez para la consistencia matemática interna de la teoría.

Además, un modo vibratorio de las cuerdas de color cerradas corresponde al gravitón, por lo que la gravedad cuántica es una consecuencia esperada de la teoría de cuerdas de color.

En la teoría de cuerdas en color, una brana de gluón es un objeto físico que generaliza la noción de un píxel similar a un punto a dimensiones más altas. Las branas de color D de Gluón pueden ser objetos dinámicos que pueden propagarse a través del espacio-tiempo de acuerdo con las reglas de la cromodinámica de seis dimensiones y la mecánica cuántica. Las propiedades de una carga electromagnética pueden proporcionar dimensiones adicionales para las branas de color D de gluón en la macroescala.

De acuerdo con los principios cromodinámicos de seis dimensiones, estas propiedades se derivan principalmente de las cargas de color y los campos gluónicos. Una brana de color Dirichlet de gluon es un objeto extendido en una o más dimensiones espaciotemporales, que surge en la teoría de las cuerdas de color y en una síntesis de la gravedad cuántica. (Nieves, 2021)

Una brana de color D0 es un píxel puntual de una dimensión cero; una brana de color D1 es una cadena de color unidimensional; una brana de color D2 es una membrana de color bidimensional, y una brana de color *"p"* es un objeto de color de *"p"* dimensiones.

Es posible sugerir que la teoría de cuerdas de color puede considerarse una teoría de cuerdas de frecuencia donde la cuerda de color o brana de color D0 puede ser la frecuencia fundamental o la fuente de coloración espaciotemporal, y otras branas de color D# son armónicas de la fundamental. Por eso, cada gluón de color tendría su propio rango de frecuencia único.

Frecuencias Gluónicas	$\omega_{\bar{r}}$	$\omega_{\bar{b}}$	$\omega_{\bar{g}}$
ω_r	$\pm\omega_{r\bar{r}}$	$\pm\omega_{r\bar{b}}$	$\pm\omega_{r\bar{g}}$
ω_b	$\pm\omega_{b\bar{r}}$	$\pm\omega_{b\bar{b}}$	$\pm\omega_{b\bar{g}}$
ω_g	$\pm\omega_{g\bar{r}}$	$\pm\omega_{g\bar{b}}$	$\pm\omega_{g\bar{g}}$

Figura 30. El Modelo Estándar de las Frecuencias de los Gluones.

Puede haber varios tipos de branas de color D de gluón, incluidas las cadenas de color fundamentales cuya cuantización define la teoría de cuerdas de color; las branas de color negro, que pueden ser soluciones a las ECEs, que pueden parecerse a los agujeros negros, pero se extienden en algunas dimensiones en lugar de ser esféricas; y puede haber branas de color D, que tienen la propiedad distintiva de que las cadenas de color fundamentales pueden terminar en ellas con los puntos finales de las cuerdas de color pegadas a la brana de color D, o a una bola de gluón.

Una bola de gluón, o una bola de pegamento, es una brana compuesta hipotética de color D, que consiste únicamente en cadenas de gluones de color. Tal estado es posible porque las cuerdas de gluones de color llevan carga de color y experimentan la interacción fuerte entre ellas.

Los objetos de cuerda de color en la teoría de cuerdas de color pueden necesitar vibrar en algo más que las tres dimensiones espaciales del espacio.

En una teoría de cuerdas de color con branas de gluones de color D, la materia podría estar pegada en una brana de color D que está incrustada dentro del espacio-tiempo de seis dimensiones.

Esto mejora las posibilidades de comprender las leyes de la física en los términos de la geometría espaciotemporal de seis dimensiones. En consecuencia, puede ser que las dimensiones espaciotemporales pueden expandirse o contraerse.

Las branas de gluones de color D también pueden aparecer en algunos de los modelos de inflación cosmológica del universo primitivo. Ya que la inflación requiere una fuente de energía en vacío, que puede ser suministrada por la masa en reposo de branas de gluones de color D, la transición de la inflación a la expansión ordinaria puede entenderse a partir de la desintegración de las branas de gluones de color D en la materia ordinaria y la radiación.

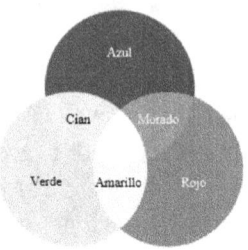

Figura 31. Una Paleta de Gluones.

§ 12. ¿Son las cadenas de color perturbaciones fundamentales con las propiedades topológicas del medio espaciotemporal parte de la realidad física?

Una cadena de color puede conceptualizarse como una oscilación de una función de onda espaciotemporal resultante entre dos puntos arbitrarios en la escala de Planck. La distancia entre los puntos sería la longitud de la cadena de color. La oscilación de la función de onda cuántica a través de su expansión o contracción sería la frecuencia de vibración de la cadena de color o brana de color. Un punto espaciotemporal arbitrario in situ también puede oscilar a través de su expansión o contracción. Se teoriza que las oscilaciones, las torsiones, y las presiones espaciotemporales de las cuerdas de color determinan las propiedades de las partículas que forman las subestructuras gluónicas y cuánticas, y por consecuencia las estructuras atómicas y clásicas. En un punto arbitrario a lo largo de una dimensión espaciotemporal, hay dos funciones de onda, la onda retardada y la onda avanzada. Una cuerda de color "ℓ_s" tiene tanto la onda retardada como las ondas avanzadas que interfieren dentro de su longitud, lo que le da a la cadena de color su frecuencia fundamental y su coloración única. La expansión temporal de una cadena de color unidimensional "ℓ_s" daría como resultado una brana de color bidimensional "D_2" que tiene su función de onda bidimensional oscilando para dar a la brana de color su frecuencia armónica y su coloración única.

Es posible sugerir que cualquier objeto de color con "p" dimensiones puede oscilar en las dimensiones más altas que las suyas. Por ejemplo, una cadena de color unidimensional puede oscilar en una segunda dimensión que es perpendicular a su longitud. La suma de todas las frecuencias armónicas de todas las branas de color relacionadas se suma a la frecuencia fundamental de la cadena de color fundamental. Un bucle de cadena de color puede formarse alrededor de un punto espaciotemporal arbitrario debido a la curvatura local donde los dos extremos de la cadena de color pueden unirse para manifestar un gravitón de color. Las ondas retardadas y avanzadas oscilarían y viajarían en direcciones opuestas al bucle, lo que manifestaría un instante de gravedad. El gravitón de color puede propagarse a través de otras dimensiones en la expansión o contracción del espacio-tiempo. El bucle de cadena de color o el gravitón de color todavía tendría su color y frecuencia que seguiría la ley de atracción entre color y anticolor.

La onda retardada puede ser representada por un "ket", $|\Psi^+\rangle$, con los coeficientes espaciales complejos de los vectores de una base espacial, y la onda avanzada puede ser representada por un "bra", $\langle\Psi^-|$, con los coeficientes temporales conjugados complejos de los vectores de una base temporal. En un punto espaciotemporal arbitrario, podemos representar las ondas avanzadas y retardadas en una notación bra-ket, $\langle\Psi^-|\Psi^+\rangle$, en el espacio-tiempo de seis dimensiones. Un operador de densidad espaciotemporal $"|\psi^+\rangle\langle\psi^-|"$ es una matriz de densidad para la multiplicación de una onda retardada con su onda avanzada en un punto espaciotemporal arbitrario. Una matriz de densidad describe el estado espaciotemporal estadístico de un sistema mecánico cuántico puro o mixto. (Nieves, 2021)

Podemos expresar la cadena de color en los términos de su función de onda como

$$\ell_s \equiv |\psi^+\rangle\langle\psi^-| \qquad (12.1)$$

Si consideramos una cadena de color abierta que gira rígidamente, la longitud de la cadena de color "ℓ_s" puede denotarse como:

$$\ell_s = \frac{J}{p} \qquad (12.2)$$

La longitud de la cadena de color está dada por la relación del momento angular "J" en $\left(Kg \cdot m^2/s\right)$ y el momento lineal "p" en $\left(Kg \cdot m/s\right)$ durante un instante temporal fijo "τ". Para una cadena de color dada sólo son posibles ciertas frecuencias correspondientes a ciertas energías. Estas frecuencias resonantes dependen de la longitud de la cadena de color. Por lo tanto, la longitud de la cadena de color define la masa, los modos vibratorios complejos, que a su vez definen las propiedades de las partículas como la carga electromagnética, la gravitación y el espín. Un solo parámetro "la longitud de cadena de color" puede definir otros parámetros cruciales en la teoría de cuerdas de color como una teoría fundamental.

El gravitón de color puede definirse como

$$g_s \equiv \pm m'_s \omega_s^2 \ell_s^2 \qquad (12.3)$$

donde "ω_s" es la frecuencia angular del gravitón de color, y "m'_s" es la masa relativista. La frecuencia angular de un gravitón de color "$\pm \omega_s$" puede depender de si el gravitón es atractivo o repulsivo.

La tensión de la cadena de color "T_0" viene dada por

$$T_0 = \frac{\hbar c}{2\pi \ell_s^2} \qquad (12.4)$$

donde "T_0" se da en Newtons, y "$\hbar$" es la constante de Planck reducida. La tensión de una cadena de color define su velocidad de onda y también relaciona su frecuencia con su longitud de onda. La masa de partícula se puede obtener de la longitud de la cadena de color y su tensión "E/ℓ_s". Las cuerdas de color pueden expandirse, contraerse, vibrar y retener energía. Estas propiedades proporcionan un mecanismo para que las cadenas de color, o branas de color, interactúen y se descompongan en otras partículas elementales.

Las habilidades intrínsecas de las cuerdas de color unidimensionales para unirse o separarse le dan a la teoría de cuerdas de color la capacidad de cuantificar la gravedad.

El gravitón de color es un bucle, no un objeto esférico, y sus interacciones se extienden alrededor de la cadena de color, evitando la aparición de infinitos matemáticos.

Los gravitones de color pueden surgir de la fuente de color del espacio-tiempo como un bucle de color con cadenas de color o branas de color.

El parámetro (α') de pendiente es una constante fundamental que describe los hadrones (los quarks, los gluones y la fuerza nuclear fuerte) que pueden expresarse como

$$\alpha' = \frac{J}{\hbar E^2} \qquad (12.5)$$

En los términos de la energía de la coloración y el campo gluónico entre el color y las cargas anticolor, tenemos

$$\alpha' = \frac{J}{\hbar \left(k\ddot{g}d\right)^2} \qquad (12.6)$$

Una cuerda abierta que gira rígidamente tiene una relación cuadrática única entre su momento angular "J" y su energía "E". Por lo tanto, para el comportamiento de onda de la cadena de color, solo se permiten modos de energía discretos específicos. Esos modos vibratorios discretos pueden coincidir con las propiedades de las partículas conocidas.

Una cadena de color relativista traza una hoja de mundo en el espacio-tiempo.

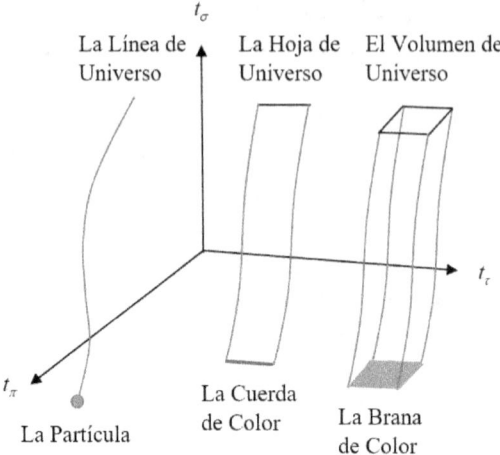

Figura 32. Los Rastros de Mundo de los Objetos Relativistas de Color.

La hoja del mundo de la cadena de color es una variedad bidimensional con los parámetros temporales "τ", "π" y "σ", para una representación temporal de la cadena de color en un instante temporal fijo "τ". Por ejemplo, un extremo de la cadena de color "σ" puede estar en y el otro extremo está en "τ".

La hoja de mundo de cadena en *(d+3)* dimensiones espaciotemporales se describe así por el conjunto de puntos:

$$\chi^0(\tau,\sigma,\pi), \chi^1(\tau,\sigma,\pi), ..., \chi^d(\tau,\sigma,\pi) \qquad (12.7)$$

donde χ^d son las coordenadas espaciales de la cadena de color y τ, σ, y π son las coordenadas temporales. El formalismo anterior *(d+3)* describe dos tipos únicos de cadena que siguen las siguientes condiciones específicas:

a. Las cadenas abiertas que pueden ser periódicas en la variable "σ".

b. Las cadenas cerradas que pueden ser periódicas en la variable "σ", por lo que durante cualquier tiempo fijo "τ" las cadenas de color cerradas obedecen $\vec{\chi}(\tau,0,0) = \vec{\chi}(\tau,\sigma,0)$.

El movimiento del centro de masa de la cadena de color y su oscilación alrededor del centro de masa puede describir el movimiento de la cadena de color relativista como la cadena de color obedece a su ecuación de movimiento de onda.

La siguiente forma clásica proporciona la solución para las coordenadas de la cadena de color cuando se cuantiza la cadena de color relativista abierta.

$$\chi^\gamma(\tau,\sigma) = x_0^\gamma + 2\alpha' p^\gamma \tau + i\sqrt{2\alpha'} \sum_{n=1}^{\infty} \left(\alpha_n^\gamma e^{-in\tau} - \alpha_{-n}^\gamma e^{in\tau}\right) \frac{\cos n\sigma}{\sqrt{n}} \quad (12.8)$$

En el lado derecho de la forma clásica, los términos $\left(x_0^\gamma + 2\alpha' p^\gamma \tau\right)$ describen la posición x_0^γ del centro de masa de la cuerda de color y la velocidad del centro de masa de la cuerda de color, a través del momento p^γ en la dirección $\gamma - th$ y la coordenada de tiempo "τ".

La oscilación de la cuerda de color alrededor de su centro de masa se describe mediante la suma sobre sus términos oscilatorios. Los coeficientes α_n^γ y α_{-n}^γ esencialmente corresponden a los coeficientes de Fourier en la descripción clásica de la cadena de color, ya que la suma corresponde a una serie de Fourier que da la contribución de cada modo a la oscilación de la cadena de color.

Cuando se cuantiza la cuerda relativista, los términos α_n^γ y α_{-n}^γ representan operadores de aniquilación y creación que destruyen y crean excitaciones de cada modo, son análogos a un oscilador armónico cuántico. (Zwiebach, 2009)

La cadena de color cerrada tiene una solución que es similar a la cadena de color abierta para las coordenadas de la cadena de color, aunque los términos oscilatorios reflejen la periodicidad de la cadena de color cerrada de una manera ligeramente diferente.

$$\chi^\gamma(\tau,\sigma) = x_0^\gamma + \alpha' p^\gamma \tau + i\left(\sqrt{\frac{\alpha'}{2}}\right) \sum_{n\neq 0} \frac{e^{-in\tau}}{n} \left(\alpha_n^\gamma e^{in\sigma} + \tilde{\alpha}_n^\gamma e^{-in\sigma}\right) \quad (12.9)$$

El operador α_n^γ crea y destruye la oscilación moviéndose hacia la izquierda, mientras que el operador $\tilde{\alpha}_n^\gamma$ crea y destruye las oscilaciones que se mueven hacia la derecha, para la cuerda de color cerrada, con $n > 0$ aniquilando las excitaciones y $n < 0$ creando las excitaciones. La periodicidad de la cadena de color cerrada requiere que las oscilaciones a la izquierda sean iguales a las oscilaciones a la derecha. El término adicional proviene de ese hecho de que los modos cero $(n \neq 0)$ pueden no ser iguales, $\tilde{\alpha}_0 - \alpha_0 = \sqrt{2\alpha'}\omega$.

La siguiente ecuación para el cuadrado de la masa del hamiltoniano de la cadena de color cerrada en la teoría de la gravedad cuántica incluye los operadores de los números covariantes N y $\tilde{N}$ de las oscilaciones.

$$M^2 = \frac{2}{\alpha'}\left(N + \tilde{N} - 2\right) \qquad (12.10)$$

Los números de operador para las oscilaciones hacia la izquierda o la derecha son enteros. El alcance de la masa es discreto, lo que apoya la teoría de cuerdas de color como una parte crucial de una teoría de gravedad cuántica. Si los números del operador son iguales a 1, el cuadrado de la masa desaparece. Un estado de cadena de color arbitrario Ψ_s es una combinación lineal de dos operadores de creación únicos para los movimientos izquierdos y derechos en las diferentes coordenadas de cadena de color $(\chi^\gamma, \chi^\lambda)$ que actúan sobre el volumen espaciotemporal.

$$\Psi \sim \sum R_{\gamma\lambda} \alpha_1^\gamma \alpha_{-1}^{-\lambda} |0\rangle \qquad (12.11)$$

donde $R_{\gamma\lambda}$ es una matriz arbitraria del tamaño apropiado.

La matriz arbitraria, $R_{\gamma\lambda}$, puede descomponerse en su parte simétrica sin rastro $S_{\gamma\lambda}$, una parte antisimétrica $A_{\gamma\lambda}$, y una parte de rastro $T\delta_{\gamma\lambda}$.

$$R_{\gamma\lambda} = S_{\gamma\lambda} + A_{\gamma\lambda} + T\delta_{\gamma\lambda} \qquad (12.12)$$

El alcance de la cadena de color cerrada en la teoría de cuerdas de color contiene estados sin masa de reposo, cuyo grado de libertad es llevado por una matriz simétrica sin rastro $S_{\gamma\lambda}$. Por consiguiente, el alcance de la cadena de color cerrada proporciona una descripción cuántica de los estados clásicos del gravitón. La descripción clásica del estado de un gravitón en la Relatividad General es exactamente la misma.

Los otros grados de libertad de la matriz arbitraria $R_{\gamma\lambda}$ también son importantes en el contexto de la teoría de cuerdas de color. La parte antisimétrica $A_{\gamma\lambda}$ corresponde al campo de Kalb-Ramond que da a las cuerdas de color un tipo de carga eléctrica. La parte de rastro $T\delta_{\gamma\lambda}$ corresponde a un campo escalar sin masa de reposo llamado dilatón de color. Un dilatón de color es un campo en dimensiones espaciotemporales inferiores que es un componente del campo de gravedad cuántica en las dimensiones espaciotemporales superiores, en el que es parte de la métrica de color de los espacios de fibra de color en los que tiene lugar una compactación espaciotemporal. El valor de expectativa del campo de dilatón de color establece el valor de la constante de acoplamiento de cadena de color y, por lo tanto, gobierna la intensidad de las interacciones de cadena de color.

En el espacio-tiempo de la relatividad especial, las partículas puntuales relativistas se desarrollan de manera que la longitud de la línea del mundo de la partícula se extrema. Comparativamente, la cadena de color relativista se desarrolla de una manera que el área de la hoja del mundo de la cadena de color está extrema. La siguiente acción para las coordenadas de la cadena de color se puede expresar utilizando la geometría diferencial como la acción Nambu-Goto, un funcional que codifica el área de la hoja del mundo de la cadena de color.

$$S = -\frac{T_0}{c}\int d\tau d\sigma \sqrt{\left(\frac{\partial \vec{X}}{\partial \tau}\cdot\frac{\partial \vec{X}}{\partial \sigma}\right)^2 - \left(\frac{\partial \vec{X}}{\partial \tau}\right)^2\left(\frac{\partial \vec{X}}{\partial \sigma}\right)^2} \qquad (12.13)$$

La acción anterior es, hasta una constante, igual al área de la hoja de mundo de la cadena de color. La constante T_0 tiene unidades de tensión de resorte. La acción de Polyakov en la teoría de cuerdas de color puede considerarse físicamente equivalente.

Las ecuaciones de movimiento para las coordenadas de la cadena de color de la acción Nambu-Goto son la ecuación de onda en cada coordenada para una forma expresamente simple de los parámetros (τ, σ). El movimiento de la cadena de color es precisamente oscilatorio ya que las coordenadas de la cadena de color obedecen a la ecuación de onda.

$$\frac{\partial^2 \vec{X}}{\partial \sigma^2} - \frac{1}{c^2}\frac{\partial^2 \vec{X}}{\partial t^2} = 0 \qquad (12.14)$$

Las condiciones de límite se proporcionan a continuación para los extremos de cadena de color y para la periodicidad de las cadenas de color cerradas. Hay dos tipos de condiciones de límite para cadenas de color abiertas y una condición de límite periódica para un bucle de cadena de color.

Para las condiciones de límite de Dirichlet:

$$\left.\frac{\partial \vec{X}}{\partial \tau}\right|_{\sigma=0} = \left.\frac{\partial \vec{X}}{\partial \tau}\right|_{\sigma=\sigma^*} = 0 \qquad (12.15)$$

Para las condiciones de límite de Neumann:

$$\left.\frac{\partial \vec{X}}{\partial \sigma}\right|_{\sigma=0} = \left.\frac{\partial \vec{X}}{\partial \sigma}\right|_{\sigma=\sigma^*} = 0 \qquad (12.16)$$

Para las condiciones de límite periódicas de Sweetchild:

$$\frac{\partial \vec{X}(\tau+\pi,\sigma)}{\partial \pi} \equiv \frac{\partial \vec{X}(\tau,\sigma)}{\partial \pi} \qquad (12.17)$$

En las condiciones de límite de Dirichlet, los extremos de la cadena de color se fijan a algún objeto físico. En las condiciones de límite de Neumann, los extremos de las cuerdas de color abiertas son siempre planos y no sienten una fuerza. Las condiciones de límite de

Neumann también se conocen como las condiciones de límite de punto final libre.

Las condiciones de limite periódicas de Sweetchild implican que los extremos de la cadena de color siempre se unen formando un bucle de cadena de color. Por lo tanto, podemos tener un bucle de cadena de color con la siguiente condición, $\vec{\chi}(\tau = \pi, \sigma) = \vec{\chi}(\tau = 0, \sigma)$. A medida que se identifican los dos puntos finales, la cadena se convierte en un bucle topológico y su hoja de mundo es cilíndrica. Todos los términos límite $B\big|_\tau^\pi$ desaparecen simplemente porque los valores en $(\tau = \pi \ number)$ se cancelan contra los de $(\tau = 0)$. Si $\vec{\chi}(\tau, \sigma)$ se descompone en sus modos de Fourier, los modos más naturales serían como $e^{2in\tau}$, donde "n" es un entero, y habría ondas complejas que se mueven a la izquierda, así como ondas complejas que se mueven a la derecha en la hoja del mundo. Un bucle de cadena de color puede propagarse en cualquier parte del volumen y puede considerarse la representación de un gravitón. Actualmente, se cree que la mayor parte de la masa de las partículas elementales proviene de los gluones y sus campos.

Los objetos físicos para estas condiciones son las branas de color D, que son excitaciones relacionadas con estados específicos de las cuerdas de color abiertas o cerradas. Una brana de color D con "p" dimensiones, y con puntos finales que están restringidos, es una brana de color Dp.

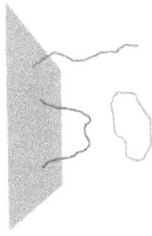

Figura 33. Los Tipos de Accesorios para una Brana de Color D.

Expresemos ecuaciones de campo de cadena de color de seis dimensiones en los términos de la ley natural de la presión igual a la densidad de energía utilizando el operador de curvatura radial espaciotemporal en el área de superficie de la brana de color D2, $\Gamma^2_{SP}D_2$, para una función de onda compleja.

$$\Gamma^2_{SP}D_2 g_{\mu\nu} = \frac{4\pi G}{c^4} T_{\mu\nu} \qquad (12.18)$$

donde $T_{\mu\nu}$ es el tensor de la densidad de energía de la cadena de color para el área de la superficie, $g_{\mu\nu}$ es la métrica del medio espaciotemporal de una brana de color D2, y "ρ" es la densidad de energía, $\rho \equiv \pm k\vec{g}d/dA$, de una brana arbitraria de color D2.

A partir de las investigaciones anteriores, las ecuaciones de campo de cadena de color de seis dimensiones representan la equivalencia entre la presión y la densidad de energía para un área de superficie triangular de curvatura de una brana de color D2 con respecto a un área de superficie esférica con un radio "r". (Nieves, 2021)

Aparte, es interesante notar que la carga cuántica de color de una brana de color D2 "q_b" puede expresarse como el producto del área espacial de una brana de color "ℓ_b^2" y el cuadrado de un período temporal "t_b^2". Entonces, visualicemos una brana de color D2 doblada en forma de un cilindro hueco. Una brana de color bidimensional envuelta alrededor de otras dimensiones se verá como un cilindro.

Por lo tanto, utilizando un sistema de coordenadas rectangulares de Planck, "q_b" se puede escribir como

$$q_b \equiv 2\pi\sqrt{\left(\ell_b^2 \cdot t_b^2\right)} \qquad (12.19)$$

$$q_b = \sum_{p=1}^{n}\left(a_p \cdot q_p\right) \qquad (12.20)$$

Donde "n" es el número máximo de cargas cuánticas de color en una brana arbitraria de color D2, y "a_p" es el coeficiente dimensional de la geometría en, o alrededor de, un punto, típicamente 2π para una dimensión espacial y una dimensión temporal de una longitud, o para dos dimensiones espaciales y dos temporales de la superficie externa de un cilindro hueco, y 4π para dos dimensiones espaciales y dos temporales de una superficie esférica. Para una brana abierta de color D2, "a_p" sería igual a "1".

Por consiguiente, cada plano espaciotemporal de un sistema de coordenadas rectangulares puede definirse con tres ejes de carga dimensionales adicionales, que son de una naturaleza espaciotemporal, como se sugirió anteriormente. Una hipotética partícula de dilatón de color se ha definido como una partícula de un campo escalar "ϕ" que aparece en las teorías multidimensionales cuando el volumen de las dimensiones compactas se expande o se contrae.

Un bucle de cadena de color, que se expandió como un dilatón de color, puede expresarse como una carga cuántica de bucle de cadena de color, dada por

$$q_o = 2\pi r_s t_s \qquad (12.21)$$

Actualmente, el bosón de Higgs es la partícula fundamental asociada al campo de Higgs, un campo que da masa a otras partículas fundamentales como los leptones y los quarks. La masa de una partícula determina su inercia cuando se encuentra con una fuerza. El campo de partículas de Higgs crea una densidad particular de energía que cala el universo. En el Modelo Estándar actual, la partícula de Higgs es un bosón escalar masivo con espín cero, sin carga eléctrica y sin carga de color. ¿Qué pasaría si el Higgs consistiera en las cargas de cadena de color, ya que todas las partículas elementales y los bosones se teorizan que pueden derivarse de las cargas de cadena de color?

Ahora es un buen momento para hacer las siguientes preguntas retóricas. ¿Consiste el campo de Higgs en bucles de cadena de color o en los gravitones de color? Un bucle de cadena de color, o un gravitón de color, puede propagarse en cualquier lugar de las dimensiones espaciotemporales de la realidad física. Si los bucles de cadenas de color fueran atraídos por otras cadenas de color abiertas o branas de color D, la masa cerca de los objetos de color de un tamaño de Planck, o cerca de las partículas elementales o los bosones, aumentaría en consecuencia. Se teoriza que si dos bucles de cadena de color interactúan, habría un proceso por el cual dos bucles de cadena de color se unirían en un bucle de cadena de color intermedio que se divide en bucles de cadenas de dos colores nuevamente. ¿Podrían los bucles de cadena de color formar cadenas abiertas o cerradas de gravitones de color?

Capítulo 2

Las ecuaciones de Maxwell de carga de color

§ 1. Las leyes de las cargas de color

Las ecuaciones de Maxwell de carga de color se conocen como "una forma de píxel de color" porque cada igualdad de color es válida en cada punto del espacio-tiempo. Estas ecuaciones de carga de color son la ley de distribución de carga de color, la ley de la onda gluónica de carga de color, la ley del monopolo de carga de color y la ley de la corriente de carga de color.

➤ La ley de distribución de carga de color:

$$\nabla \cdot \left[\pm r\left(n_{\bar{r}}\bar{r} + n_{\bar{b}}\bar{b} + n_{\bar{g}}\bar{g}\right)\vec{a}_x \pm b\left(n_{\bar{r}}\bar{r} + n_{\bar{b}}\bar{b} + n_{\bar{g}}\bar{g}\right)\vec{a}_y \pm g\left(n_{\bar{r}}\bar{r} + n_{\bar{b}}\bar{b} + n_{\bar{g}}\bar{g}\right)\vec{a}_z \right] = \rho_V \quad (1.1)$$

$$\nabla \cdot \begin{bmatrix} \pm \vec{a}_x & \pm \vec{a}_y & \pm \vec{a}_z \end{bmatrix} \cdot \begin{bmatrix} n_{\bar{r}}r\bar{r} & n_{\bar{b}}r\bar{b} & n_{\bar{g}}r\bar{g} \\ n_{\bar{r}}b\bar{r} & n_{\bar{b}}b\bar{b} & n_{\bar{g}}b\bar{g} \\ n_{\bar{r}}g\bar{r} & n_{\bar{b}}g\bar{b} & n_{\bar{g}}g\bar{g} \end{bmatrix} = \rho_V \quad (1.2)$$

$$\nabla \cdot \vec{q}_c = \rho_V \quad (1.3)$$

donde "ρ_V" es la densidad del volumen de carga de color para una brana bidimensional de color que es arbitraria, "$n_{\bar{s}}$" es el coeficiente para cada par de carga de color por metro cuadrado. Es posible que no todas las cargas de color estén presentes. La matriz (1 × 3) y la matriz (3 × 3) son las matrices del campo de desplazamiento de carga de color "$\vec{q}_c$" que se da en ±coloración/metro². La densidad del flujo de color "ϕ_c" se da en (± potencial de color·segundo)/metro².

$$\boxed{\begin{array}{c} \vec{\phi}_c = \varsigma \bar{g} \\ \hline \vec{I}_k = \xi \vec{q}_c \\ \hline \vec{J} = \zeta \bar{g} \end{array}}$$

Figura 1. Los Parámetros del Medio de Carga de Color.

donde "ς" es la permitividad de carga de color en ($\pm$coloración/m)² / Newton/(potencial·segundo), "ξ" es la velocidad de la permeabilidad de la carga de color o la velocidad de la luz en un medio "$v = 1/\sqrt{\mu/\varepsilon} = 1/\sqrt{LC}$" en (m/s), que está relacionada con la capacidad del medio para comportarse como un inductor "L" y un condensador "C", y "ς" es la velocidad de la conductividad de carga de color por unidad de fuerza en ($\pm$coloración/m)² por (Newton·segundo). Además, la ecuación "$\partial \vec{J}/\partial \vec{s} = \partial \vec{g}/\partial \vec{t}$" describe cómo la corriente de la fuente de cargas de color varía con el espacio igual a la forma en que el campo gluónico de cargas de color varía con el tiempo.

> La ley de la onda gluónica de carga de color:

$$\nabla \times \varsigma \vec{g} = -\frac{1}{c}\frac{\partial \vec{\phi}_c}{\partial t} \qquad (1.4)$$

El campo gluónico está dado por "$\vec{g}$" en Newton/$\pm$coloración, y "ϕ_c" es la densidad de flujo de color. El campo gluónico puede variar en una dirección perpendicular a la densidad del flujo de color.

La coloración inducida en un área de superficie cerrada es proporcional a la tasa de cambio de la densidad de flujo de color que encierra la brana de color. Cada vez que el campo gluónico de la carga de color cambia, se crea una densidad de flujo de color. Esta ley es una consecuencia de la ley de conservación de la energía de la carga total de color. Cada vez que hay una variación de la densidad de flujo de color; una variación de la energía en el medio, se genera una corriente de carga de color para mantener constante la densidad de flujo de color.

> La ley del monopolo de carga de color:

$$\nabla \cdot \vec{\phi}_c \neq 0 \qquad (1.5)$$

Una cadena de color puede tener un campo de desplazamiento de carga de color o un campo de desplazamiento de carga anticolor. Por lo tanto, una sola cadena de color puede considerarse un monopolo de carga de color. Las cadenas de color pueden formar dipolos de carga de color. Esta ley establece la posibilidad de crear un monopolo de carga de color. Por eso, la densidad total de flujo de color a través de una superficie cerrada no es cero.

> La ley de la corriente de carga de color:

$$\nabla \times \vec{I}_k = \vec{J} + \frac{\partial \vec{q}_c}{\partial t} \qquad (1.6)$$

donde "J" es la densidad de corriente de la fuente de carga de color (±coloración/segundo/metro^2) que describe la distribución de la carga de color y la velocidad de las cargas de color, y "$\vec{q}_c$" es el campo de desplazamiento de la carga de color (±coloración/metro^2), las cargas de color que fluyen desde su fuente hasta su sumidero.

La intensidad del campo de carga de color "$\vec{I}_k$" es la (±coloración / segundo / metro). La corriente de la fuente de carga de color y la conexión, determinan completamente todas las propiedades físicas del sistema. La corriente de la fuente de carga de color puede afectar la curvatura del medio espaciotemporal de la conexión.

El rizo de "$\vec{I}_k$", o el "remolino de "$\vec{I}_k$", es igual a la densidad de corriente de la fuente de carga de color, la cantidad de corriente de la fuente de carga de color por la unidad de área, más cualquier cambio en el campo de desplazamiento de la carga de color. El segundo término a menudo se llama la corriente de desplazamiento de la carga de color, ya que tiene que ver con el comportamiento capacitivo del medio.

La Forma Integral para un Píxel de Color
$\int_S \vec{q}_c \cdot d\vec{s} = \int_V \rho_V d\vec{v} = \pm k$
$\int_C \varsigma \vec{g} \cdot d\vec{l} = -\frac{1}{c} \int_S \frac{\partial \vec{\phi}_c}{\partial t} \cdot d\vec{s}$
$\int_S \left(\vec{\phi}_c \right) \cdot d\vec{s} \neq 0$
$\int_C \left(\vec{I}_k \right) \cdot d\vec{l} = \int_S \left(\vec{J} + \frac{\partial \vec{q}_c}{\partial t} \right) \cdot d\vec{s}$

Figura 2. Las Ecuaciones de Maxwell de Carga de Color en su Forma Integral.

§ 2 ¿Cuáles son las ecuaciones de Maxwell para las cargas de color en el espacio-tiempo de seis dimensiones?

Es posible reformular algunas ecuaciones de Maxwell de carga de color en forma de píxel de color utilizando el Operador Tem:

De las investigaciones anteriores, el Operador Tempus, u Operador Tem, para el tiempo tridimensional se denota como

$$\odot = \vec{\Re}_\tau = -\frac{1}{c}\frac{\partial}{\partial t_x}\vec{a}_{t_x} - \frac{1}{c}\frac{\partial}{\partial t_y}\vec{a}_{t_y} - \frac{1}{c}\frac{\partial}{\partial t_z}\vec{a}_{t_z} \qquad (2.1)$$

Las ecuaciones de Maxwell de carga de color en el espacio-tiempo de seis dimensiones son:

$$\begin{aligned}
\nabla \cdot \vec{q}_c &= \rho_V \\
\nabla \times \varsigma\vec{g} &= \vec{\Re}_\tau \times \vec{\phi}_c \\
\nabla \cdot \vec{\phi}_c &\neq 0 \\
\nabla \times \vec{I}_k &= \vec{J} - \left(\vec{\Re}_\tau \times \vec{q}_c\right)
\end{aligned} \qquad (2.2)$$

§ 3. ¿Cuál es el significado de las ecuaciones de Maxwell para las cargas de color?

La importancia de las ecuaciones de Maxwell de carga de color es que son las herramientas primordiales para calcular el efecto a lo largo del tiempo en los potenciales del campo de carga de color. Las ecuaciones han sido diseñadas utilizando un estilo matemático contemporáneo no el estilo original de las ecuaciones de James Clerk Maxwell, que eran muy largas y complejas, pero con mayor sustancia relacionada con el papel del fondo espaciotemporal dinámico. Fue el electricista práctico y eminente físico Oliver Heaviside quien expresó las ecuaciones en un estilo reducido que ha hecho que las ecuaciones sean más fáciles de entender, pero también lo ha hecho para disgusto de algunos investigadores que han sentido la pérdida de datos y la falta de más investigación en la reformulación de las ecuaciones originales. Se ha dicho que Maxwell proporcionó la descripción matemática casi completa del comportamiento de los sistemas eléctricos, pero Heaviside simplificó las ecuaciones de Maxwell al nivel práctico de la Ingeniería Eléctrica.

El vínculo causal entre la corriente de fuente de cargas de color inducidas y el campo de desplazamiento de carga de color inducido aparece simultáneamente como una dualidad de la fuente causal única del momento inercial de las cargas de color. Estas dos manifestaciones son una proyección sobre el plano espacial y el plano temporal desde la trayectoria espaciotemporal de las cargas de color reales a medida que el movimiento se describe matemáticamente con respecto al espacio o el tiempo. Las ecuaciones del campo de cargas de color se describen como potenciales de carga de color dependientes del tiempo y se basan en el fondo espaciotemporal para su movimiento y medio de propagación. El espacio-tiempo emerge como las ondas dinámicas y como el dominio de los eventos físicos.

§ 4 ¿Qué son las ecuaciones de Maxwell para las carga de color?

Las ecuaciones de Maxwell de carga de color describen formas simplificadas para la naturaleza cuántica del campo de desplazamiento de carga de color y el campo gluónico en un medio de Planck. Por lo tanto, el campo de desplazamiento de carga de color y el campo gluónico no son independientes, sino que están conjugados. Los dos campos son las dos caras de la misma moneda, y la ceca es la teoría de cuerdas de color. Las Ecuaciones de Maxwell de Carga de Color (EMCCs) son un resumen matemático de la teoría de la gravedad cuántica llamada "Una Teoría Dinámica del Espacio-Tiempo: Un Asunto de Ondas". Describen cómo tanto el campo de desplazamiento de carga de color como el campo gluónico surgen de las cargas de color y las corrientes, cómo las cargas de color se propagan e influyen entre sí. Estas ecuaciones cuánticas junto con la fuerza nuclear fuerte cuantifican la mayor parte del proceso cuántico que experimentan los gluones, incluidos los quarks y los antiquarks, los hadrones y las partículas elementales y las antipartículas. Son la base de la física cuántica a la escala de Planck.

Las EMCCs son un conjunto compacto de ecuaciones que especifican completamente el campo de desplazamiento de carga de color y el campo gluónico con las herramientas del cálculo vectorial y la teoría cuántica de campos. Las ecuaciones del campo de carga de color pueden derivarse de la divergencia y el rizo, o rotor, del campo de carga de color. Las EMCCs proporcionan la divergencia y el rizo del campo de desplazamiento de carga de color y el campo gluónico en términos de las cargas de color y sus corrientes. Por consiguiente, el campo de carga de color y el campo gluónico se pueden calcular a partir del desplazamiento y la distribución general de las cargas de color para cualquier conjunto de circunstancias. Las EMCCs se basan en las teorías y las ecuaciones de "Una Síntesis de la Gravedad Cuántica" para proporcionar una comprensión incisiva del origen cuántico de las teorías clásicas como el electromagnetismo y la gravitación. Es posible teorizar que un campo de desplazamiento de carga de color y un campo gluónico pueden existir en presencia de las cargas de color, o en ausencia de los gluones. El campo de una carga de color es una oscilación, o una onda viajera, que se mueve a $"v = 1/\sqrt{\mu/\varepsilon} = 1/\sqrt{LC}"$ metros/segundo. ¿Consiste un fotón, el portador de la fuerza electromagnética, también en las cargas de color? Si fuese afirmativo, ¿no exhibiría ese fotón el comportamiento de las cargas de color?

Si la luz emerge de los campos y corrientes de cargas de color, el desplazamiento de las cargas de color y la aparición de los campos gluónicos pueden manifestar los gluones y los quarks que se unen para hacer los fotones que son cuantos de luz y ondas. De esas ondas clásicas emerge todo el espectro electromagnético. ¿Crearía una tecnología de carga de color los dispositivos futuros que podrían convertirse en las fuentes de luz, los rayos láseres, las ondas EM, para los dispositivos de comunicación cuántica del mañana? Las industrias futuras del mundo y las nuevas tecnologías emergentes pueden basarse en estos conceptos, para mejorar la calidad de vida de las personas en todo el mundo y la productividad de los trabajadores, las empresas y los gobiernos.

PARTE II

LA SUPERSIMETRÍA DE COLOR

Capítulo 3

La Supersimetría de cadena de color

§ 1. La teoría de la supersimetría de color (COSUSY)

Las simetrías que se encuentran en la realidad física proporcionan un marco crucial para nuestra comprensión de nuestro universo, desde las cuatro fuerzas fundamentales de la naturaleza hasta la unificación de todas las fuerzas que existían a energías muy altas en el universo primitivo de acuerdo con nuestra comprensión actual.

Desde la década de 1970, la supersimetría se propuso como una simetría potencial que podría unificar todo tipo de partículas en nuestra realidad física, desde los fermiones hasta los bosones y otras partículas intermedias. La conexión de supersimetría depende de la propiedad peculiar de las partículas llamada espín, e imaginativamente tiene el potencial de descubrir una nueva forma de comprender las leyes de la física que gobiernan nuestro universo. Por lo tanto, es importante ampliar la Teoría de la Supersimetría del Color o COSUSY, para explicar y aclarar el potencial de la supersimetría del color dentro del contexto de las cargas de color.

§ 2. El potencial de las simetrías de color

Históricamente, los físicos y matemáticos han utilizado el potencial de las simetrías para descubrir las relaciones elementales y las conexiones fundamentales que existen en la realidad física de nuestro universo. Durante el siglo IV a.C. el filósofo griego Aristóteles creía que los objetos tienden hacia un punto debido a su gravedad interna, o su pesadez. Mientras Aristóteles pensaba en la gravedad de una manera que comparaba los objetos muy pesados con los más ligeros, estaba descubriendo una simetría de la naturaleza. La gravedad es una ley universal de la naturaleza. Esta visión de Aristóteles llevó a otros científicos en la historia a dar un salto hacia una comprensión mejor y más completa del papel que desempeña la gravedad en la naturaleza.

En la actualidad, los investigadores de la física cuántica están desconcertados por las propiedades peculiares de las cargas de color y sus implicaciones. ¿Qué hace que fluya la corriente de carga de color? ¿Cómo podrían los gluones que giran hacer que las corrientes de carga de color fluyan a través de medios conductores cuánticos? ¿Cuál es la fuerza motriz para las corrientes circulantes de carga de color? ¿Está hecha la luz de gluones? ¿Es un gluón una onda y una partícula?

Todas estas preguntas piden una respuesta que se ha construido hasta una Teoría Cuántica de Cuerdas de Color que proporciona una propuesta matemática efectiva para unificar estas distintas ramas de una búsqueda bajo un conjunto simplificado de las Ecuaciones de Maxwell de Carga de Color. No es coincidencia que la mayoría de las realizaciones y teorías de la ciencia se construyan sobre la base hecha por los predecesores a medida que cada nuevo investigador da un paso más o un gran salto adelante.

Es posible teorizar que todas las leyes físicas que involucran cargas de color deben ser las mismas independientemente de su posición o impulso. Por lo tanto, es importante también elogiar la Teoría de Cuerdas de Color con la noción de espacio-tiempo como la fuente de espacio, tiempo y color, para conservar la supersimetría de color de la realidad física en la naturaleza. Además, el efecto del gravitón de color, como una manifestación cuántica de la gravedad, nos lleva a una comprensión más profunda de la fuerza de color.

Las leyes de la conservación de color, no limitadas a la conservación del momento de carga de color y la conservación de la energía de color, dependen de la supersimetría de color. La ley de la conservación de la energía de coloración apoya la constancia de las leyes de las cargas de color. El mismo experimento sobre cargas de color realizado repetitivamente en diferentes lugares y momentos debería producir los mismos resultados. Por consiguiente, habría una supersimetría de color a través del espacio, el tiempo, el color, el impulso y la energía.

§ 3. Las predicciones teóricas de la supersimetría de color

La supersimetría de color predice un compañero de carga de color para cada carga de color en el Modelo Estándar de Gluones, para explicar por qué una carga de color tiene la propiedad de color. A partir de las investigaciones anteriores, se propone que en ausencia de otros campos, el campo de fuerza de color refractivo, o el campo gluónico refractivo, es una consecuencia de un compañero simétrico de carga de color virtual, o una carga de color virtual equivalente, a cada brana de color existente en el espacio-tiempo homogéneo e isótropo. El límite entre la brana de color y el espacio-tiempo actúa como un espejo debido a la distorsión espaciotemporal, o un reflector, manifestando la imagen de un compañero simétrico de color virtual igual y opuesto a la carga de color existente en el espacio-tiempo.

Las únicas líneas de campo de fuerza de color de la carga de color que cruzan el límite entre la carga de color y el espacio-tiempo están a noventa grados de la superficie del límite. Esas líneas de campo de fuerza de color ortogonales se extienden radialmente hacia afuera en el espacio-tiempo, mientras que todas las demás líneas de campo de fuerza de color no perpendiculares se reflejan hacia la carga de color, manifestando un compañero simétrico de color virtual, en el espejo de límite espaciotemporal. Esto ejerce un campo de fuerza de color refractivo del espacio-tiempo libre en un píxel de carga de color "q_c". De este modo, la permitividad de carga de color del espacio-tiempo libre es el efecto de la fuerza de color refractiva de la carga de color, a una distancia de su centro de color.

El Modelo Estándar de Gluones predecirá lo que los experimentos futuros pueden mostrar sobre los ladrillos de la estructura de los objetos de color cuántico. El Modelo Estándar actual está empezando a considerarse incompleto. La supersimetría de color, o COSUSY, es una extensión del Modelo Estándar de Gluones que se centra en cerrar algunas de las brechas en el marco matemático y las suposiciones sobre las dimensiones espaciotemporales. El Modelo Estándar de Gluones predice un compañero de carga de color para cada brana o gluón de color. Estos compañeros virtuales de carga de color pueden resolver problemas considerables con respecto a la masa del bosón de Higgs recién encontrado. Sin embargo, es probable que ningún experimento muestre los compañeros de carga de color supersimétricos virtuales a menos que se utilice una tecnología que pueda detectar la distorsión espaciotemporal reflectante, o la reflexión de los campos de fuerza de color por un límite espaciotemporal reflectante. Pero la historia nos enseña a esperar lo inesperado cuando se trata del desarrollo de los equipos experimentales.

El Modelo Estándar de Gluones predice que las partículas elementales no deben estar sin masa de reposo, una predicción que concuerda con la observación física. El bosón de Higgs ha sido teorizado como un mecanismo, pero no el único, que dota a las partículas elementales de la propiedad de masa. Sin embargo, ¿por qué es el bosón de Higgs más ligero de lo esperado? Se esperaba que fuera un bosón más pesado debido a sus interacciones con las partículas elementales. La supersimetría de color predice un compañero de carga de color supersimétrico virtual que compensaría la contribución a la masa del bosón de Higgs por cualquier partícula elemental. Esta predicción hace posible la existencia de un bosón de Higgs más ligero.

El concepto de compañero de carga de color virtual puede resolver el problema de jerarquía, que es la gran discrepancia entre los aspectos de la fuerza nuclear débil y la gravitación. Hasta ahora, no hay consenso científico sobre por qué la fuerza nuclear débil es 10^{24} veces más fuerte que la gravedad.

Una extensión COSUSY al Modelo Estándar de Gluón resolvería el problema de jerarquía dentro de la teoría de calibre, asegurando que las divergencias cuadráticas de todos los órdenes se anularán en la teoría de la perturbación. La supersimetría del color también es estimulada por varias soluciones a problemas teóricos, para garantizar un comportamiento razonable a energías muy altas y para proporcionar muchas propiedades matemáticas deseables de manera general.

Los compañeros de carga de color supersimétricos virtuales interactuarían con las mismas fuerzas y campos de color que las cargas de color reales, pero tendrían cargas imaginarias. La fuerza nuclear fuerte de los compañeros de carga de color supersimétricos y virtuales tendría la misma fuerza que las cargas de color durante las condiciones de alta energía del universo primitivo. La misma predicción se aplica a la fuerza nuclear débil y a la fuerza electromagnética. Una teoría dinámica del espacio-tiempo es una teoría de la gravedad cuántica que predice una unificación de todas las fuerzas electrodébiles, la fuerza nuclear fuerte y la gravitación.

Los Gluones	Rojo (r o ir)	Azul (b o ib)	Verde (g o ig)	Antirojo ($\bar{r}$ o $i\bar{r}$)	Antiazul ($\bar{b}$ o $i\bar{b}$)	Antiverde ($\bar{g}$ o $i\bar{g}$)
Color Real	$\pm\frac{2}{3}e$	$\pm\frac{2}{3}e$	$\pm\frac{2}{3}e$	—	—	—
Color Imaginario	$\pm i\frac{2}{3}e$	$\pm i\frac{2}{3}e$	$\pm i\frac{2}{3}e$	—	—	—
Anticolor Real	—	—	—	$\mp\frac{e}{3}$	$\mp\frac{e}{3}$	$\mp\frac{e}{3}$
Anticolor Imaginario	—	—	—	$\mp i\frac{e}{3}$	$\mp i\frac{e}{3}$	$\mp i\frac{e}{3}$

Figura 1. La Correspondencia entre la Carga Cromodinámica y la Carga Eléctrica de los Gluones.

Las Cargas de Color Imaginario	$i\bar{r}$	$i\bar{b}$	$i\bar{g}$
ir	$-r\bar{r}$	$-r\bar{b}$	$-r\bar{g}$
ib	$-b\bar{r}$	$-b\bar{b}$	$-b\bar{g}$
ig	$-g\bar{r}$	$-g\bar{b}$	$-g\bar{g}$

Figura 2. Las Cargas de Color Imaginarias del Modelo COSUSY.

La supersimetría de color conecta las partículas elementales como los fermiones y los bosones a través de la propiedad de espín. Los bosones tienen un espín de 0, 1 o 2. Los fermiones tienen un espín de ½. COSUSY predice que cada carga de color supersimétrica y virtual que sea un compañero de una carga de color con un espín difieren en un espín de ½. Los bosones y los fermiones difieren en espín y otras propiedades de comportamiento. Los bosones tienden a estar en el mismo estado cuántico y se agrupan como cada oveja con su pareja, mientras que los fermiones prefieren estar en un estado cuántico diferente y separados. Sin embargo, COSUSY une los bosones y los fermiones. Es posible que la existencia de compañeros de carga de color supersimétricas virtuales más ligeros también pueda explicar la falta de materia bariónica, o la energía del universo observable bajo el Modelo Estándar actual. Estos compañeros más ligeros de carga de color supersimétrica y virtual son estables, incoloros e interactúan débilmente con las partículas elementales. A partir de las investigaciones anteriores, se teorizó que los píxeles de color variaban en la intensidad de su coloración, a través de los procesos de cromomeiosis o cromosíntesis de la teoría de cuerdas del color.

A partir de las investigaciones anteriores, dos valores fraccionarios de coloración de dos subpíxeles, o dos sub-antipíxeles, pueden sumar, hasta el siguiente valor superior de coloración, a un superpíxel, o super-antipíxel, de color más fuerte. Cualquier píxel, o antipíxel, puede dividirse, hasta el siguiente valor inferior de color, en dos subpíxeles, o dos sub-antipíxeles, del mismo color, pero más débil, donde cada subpíxel, o sub-antipíxel, tiene un valor de color que es la mitad del valor del superpíxel, o super-antipíxel.

Por lo tanto, los subpíxeles, o sub-antipíxeles, tienen una carga de color más débil que la carga de color del superpíxel original, o super-antipíxel. Es posible que la carga de color individual de los píxeles no se conserve, pero se conserva la carga de color colectiva de todos los píxeles, o los antipíxeles.

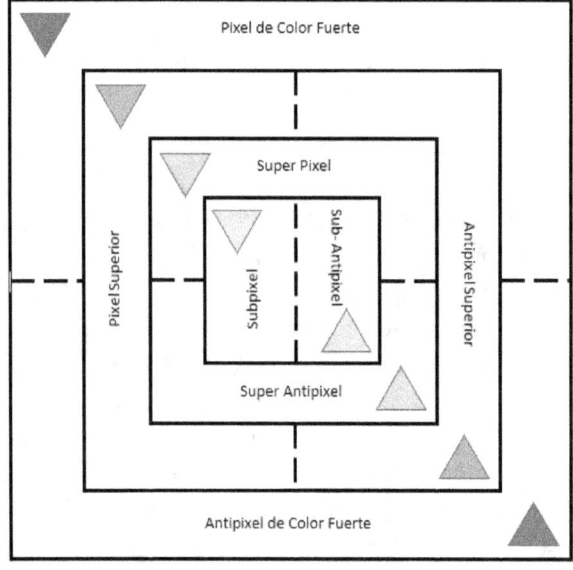

Figura 3. Una Ilustración del Cromomeiosis o el Cromosíntesis.

Por consiguiente, COSUSY proporciona el marco que se basa en la base del Modelo Estándar de Gluones para crear una explicación más completa de la realidad física de nuestro universo. Lamentablemente, el Modelo Estándar actual proporciona una imagen incompleta del universo observable, por decir lo menos. Por otro lado, hay más por descubrir a través de la investigación teórica o experimental.

§ 4 Un concierto de cargas de color: ¿Quién toca las cuerdas de color?

Desde la década de 1970, los investigadores comenzaron a tocar las cuerdas de un concierto sin color, observando cuidadosamente las propiedades cuánticas de las partículas, específicamente en la propiedad del espín cuántico para encontrar un área o una instancia de simetría en nuestra realidad física.

Si se encontrara simetría, entonces habría razones para tener un interés mutuo entre los espines enteros y los semi-espines, o entre los bosones y los fermiones, para unir estas partículas cuánticas muy diferentes. Así, la búsqueda de la supersimetría comenzó a recibir la atención de la comunidad de los investigadores de la física de partículas.

A nivel cuántico, las partículas elementales en nuestra realidad física tienen la peculiar propiedad del espín. Esta propiedad se descubrió experimentalmente en los aceleradores de partículas para desviar las trayectorias de las partículas elementales a través de un campo magnético, de la misma manera que una masa esférica clásica se desviaría, si la masa metálica giratoria estuviera cargada eléctricamente.

Sin embargo, las partículas elementales no giran como una masa metálica clásica, sino que el comportamiento de las partículas cuánticas se asemeja al de los objetos clásicos en los experimentos específicos. A nivel cuántico, las partículas elementales solo pueden tener una cantidad específica de espín. Cada partícula cuántica específica tiene un espín único.

Por ejemplo, un fotón tiene un espín de 1, mientras que un electrón tiene un espín de ½. Es posible describir el espín como un movimiento de bamboleo a través del espacio-tiempo. Un bamboleo que resulta de una partícula cuántica girando en cada uno de los tres planos espaciales de un sistema de coordenadas cartesianas para una fracción específica o un número entero de veces, para volver a la orientación o estado original específico que tenía anteriormente en el espacio-tiempo. Las partículas cuánticas pueden o no compartir la misma cantidad específica de una propiedad cuántica como el espín, la carga, o la masa.

Por lo tanto, hay partículas cuánticas que tienen un espín de numero entero, 0, 1 o 2, y hay otras partículas cuánticas con un espín de una fracción 1/2, 3/2, or 5/2 . Los espines enteros son los bosones o los portadores de la fuerza como los gluones, los fotones, los $W^{\pm}$ y las partículas Z^0. Los semi-espines son los fermiones como los quarks, los electrones, los nucleones y los neutrinos, etc., que son los constituyentes de la realidad física.

§ 5. El reflejo giratorio de una carga de color

¿Es el compañero giratorio de carga de color supersimétrico y virtual un espejo giratorio?

En la supersimetría de color, cada fermión sería un compañero imaginario, o un compañero-i para abreviar, que es una partícula supersimétrica en el dominio del fermión, y de manera similar, un bosón tiene un compañero-i en el dominio del bosón, con la misma carga y masa, pero un espín diferente. Sin embargo, el espín de un compañero-i es un espín opuesto que devuelve el compañero-i a su estado original "i".

Por consiguiente, existen los compañeros supersimétricos de color imaginarios en sus dominios de compañero-i. De ese modo, la simetría se mantendría en la realidad física de nuestro universo, la simetría no se rompe. La supersimetría de color se logra de manera que predice las masas, la carga y el espín de todos los fermiones y bosones correctamente.

La evidencia del COSUSY se encuentra en todas partes y en cualquier momento en el espejo giratorio alrededor de cada partícula elemental y cada carga de color. De modo que, COSUSY se encuentra en la realidad física en los límites espaciotemporales donde la presión de la gravitación forma los lentes o las regiones densas de espejos gravitacionales en las regiones límite de alta densidad de energía, masa o materia.

Es posible que se utilicen láseres finos en las regiones límite para verificar la propiedad imaginaria o reflectante de la supersimetría de color.

De vez en cuando, hay un concepto o una idea innovadora en la física cuántica que tiene una gran promesa para la unificación de las cuatro fuerzas de la naturaleza. Si una idea única resuelve un gran número de misterios de la naturaleza en una sola acción rápida para predecir los resultados de los procesos físicos o los experimentos, esa idea o teoría única causaría un impacto significativo en la ciencia y alentaría los intereses de los investigadores de la física en todas partes. Si sus predicciones son verdaderas y precisas, puede iniciar una revolución en la ciencia con un cambio de paradigma en la comprensión de nuestro universo. Esto fue exactamente lo que sucedió con la Principia de Newton, o la Teoría General de la Relatividad de Einstein.

En la actualidad, es un gran misterio de la ciencia por qué las partículas elementales del Actual Modelo Estándar tienen masas tan pequeñas en comparación con la masa de Planck, o ¿por qué las teorías actuales de las cuatro fuerzas de la naturaleza se resisten a la unificación bajo teorías bien aceptadas? o ¿dónde está la masa bariónica faltante de nuestro universo?

Afortunadamente, COSUSY y una nueva teoría de la gravedad cuántica pueden proporcionar una solución a cada uno de estos acertijos, al tiempo que predicen un gran número de partículas asociadas supersimétricas de color y otras partículas nuevas.

Las partículas virtuales o imaginarias pueden no manifestarse físicamente, por lo que se pueden utilizar nuevas técnicas experimentales para indicar por qué y cómo afectan su realidad física. El incentivo para COSUSY ha existido desde que la teoría de la cromodinámica cuántica fue introducida en la década de 1960 por los eminentes físicos Murray Gell-Mann y Yuval Ne'eman, y desarrollada por otros investigadores.

La supersimetría de color reconoce y resuelve un problema del comienzo de la mecánica cuántica con la carga de un electrón y su diminuto tamaño físico como una partícula puntual. Una partícula cargada tiene su propio potencial de voltaje inherente y un campo eléctrico.

Por consiguiente, la energía inherente de un electrón exige un tamaño físico mayor de acuerdo con las leyes actuales de la física de partículas. Cuanto mayor sea la energía, menor debe ser el tamaño físico; en consecuencia, un electrón que es realmente una partícula puntual debería tener una cantidad increíble de energía. Sin embargo, sabemos por evidencia experimental y cálculos precisos que ese no es el caso. Por consiguiente, el tamaño del electrón debe ser aproximadamente $5 \times 10^{-15} \, m$, o mayor que el tamaño de un nucleón, y su energía inherente es una cantidad finita. La existencia de colores y anticolores de COSUSY que hacen las partículas virtuales, y los fotones del espacio libre, predice que el electrón también está hecho de una combinación incolora de cargas de color con una carga eléctrica debido a la paridad. Esta predicción también incluye los pares electrón-positrón, o las combinaciones incoloras de pares color-anti-color. Durante una colisión de alta energía entre dos fotones, se puede producir un electrón, mientras que un electrón también puede producir un fotón. COSUSY predice los mismos constituyentes de color en un electrón o un fotón. Ambas partículas consisten en cargas de color y sus propiedades. También es interesante considerar la aniquilación de un electrón con un positrón porque solo queda la fluctuación del electrón, lo que resulta en el tamaño diminuto del electrón y su considerable carga eléctrica.

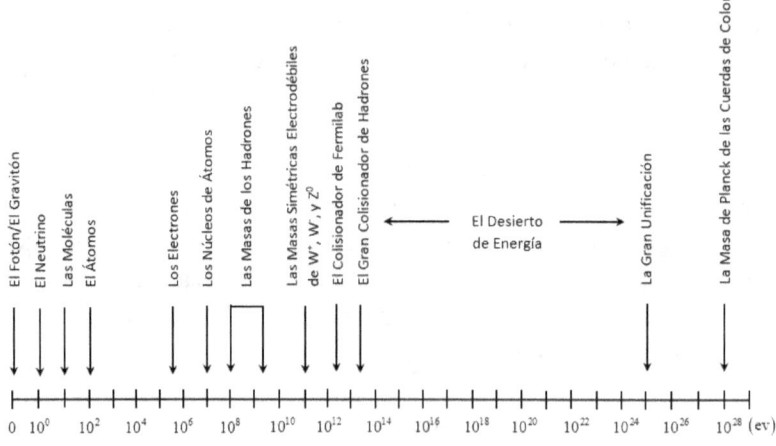

Figura 4. La Escala Masa-Energía.

$$\text{Escala de Distancia} = \frac{hc}{E} \qquad (5.1)$$

$$\text{Escala de Distancia} \approx \frac{10^{-4}}{\text{Energía }(eV)}(cm) \qquad (5.2)$$

$$\text{Escala de Distancia} \approx c \times \text{Escala de Tiempo} \qquad (5.3)$$

donde *"h"* es la constante de Planck, *"E"* es energía, *"c"* es la velocidad de la luz, y la escala de tiempo generalmente se da en segundos.

La tensión en una cuerda de color sería del orden de la fuerza de Planck de unos 10^{44} Newtons, lo que corresponde a una masa de unos 10^{28} eV.

Por consiguiente, solo la partícula con un estado sin masa de reposo en la teoría de cuerdas de color sería consistente con la realidad física.

En realidad, la masa observada de todas las partículas elementales sería insignificante si se compara con la masa de Planck de 10^{28} eV.

La figura anterior muestra la amplia brecha entre la masa de partículas conocidas y la masa de Planck.

Es interesante señalar que hay una extensa región que está etiquetada como un desierto de energía.

El desierto de energía, una brecha teorizada en las escalas de energía, se ha considerado un vasto dominio de energía donde no sucede nada de interés hasta que se alcanza la energía de Planck de aproximadamente 10^{24} eV.

La masa o energía puede denotarse como una energía de unión para algunos sistemas de masa, como núcleos, átomos y moléculas.

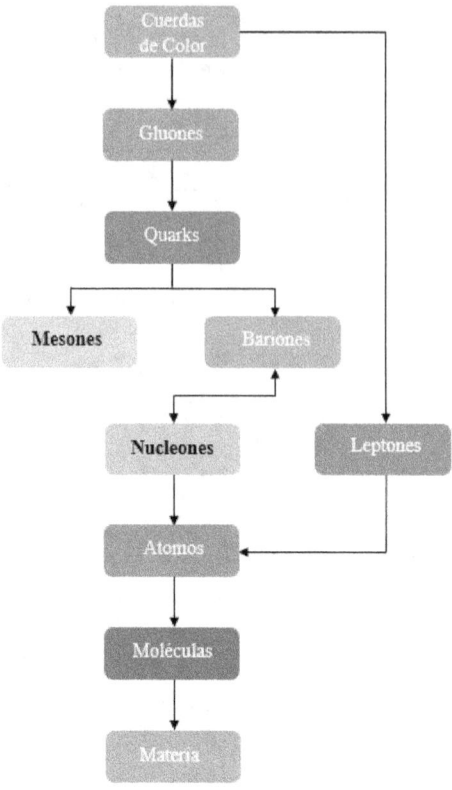

Figura 5. La Estructura de la Materia.

Entonces, ¿qué tiene que ver la aniquilación de partículas hechas de cargas color-anticolor con COSUSY?

La aniquilación cuántica de las partículas que consisten en los pares de color-anticolor ocurre porque existe una simetría en la Teoría de la Supersimetría del Color entre el color y el anticolor que salvaguarda las propiedades de una partícula, permitiendo que la partícula tenga su tamaño, carga, masa y propiedades de color.

La idea principal de COSUSY gira en torno a la presencia de una simetría adicional entre los bosones y los fermiones que salvaguarda las propiedades de color y dota a la masa o a la carga de color de una partícula para que sea de tamaño diminuto y menor energía en comparación con la escala de Planck. COSUSY permite un compañero de carga de color para cada partícula elemental.

Este concepto adaptativo de COSUSY duplicaría el número de partículas elementales conocidas, ya que existe un compañero imaginario para cada bosón y fermión con espín opuesto y masa y carga similares, o para cualquier partícula recién encontrada. En consecuencia, la supersimetría de color normaliza el tamaño de la partícula y la masa a los valores observados.

Se puede esperar que los valores más bajos de COSUSY se midan a un nivel de energía más bajo que la gran unificación teórica, para permitir que las constantes de acoplamiento de las fuerzas nucleares electrodébiles y fuertes se unifiquen en la escala teórica de gran unificación, y crearían partículas COSUSY estables y neutras que explicarían la masa bariónica y la energía faltante en nuestro universo.

Ya que las constantes de acoplamiento se ven en una escala logarítmica como una función de la energía, no parecen encontrarse como se muestra a continuación a la izquierda. (de Boer, 1994) Sin embargo, si se agrega un compañero-i según predice la supersimetría de color, la constante se encontraría en la escala de unificación de fuerzas de color de aproximadamente $10^{25} eV$. Aparte, el gran colisionador electrón-positrón (LEP) es considerado como el acelerador de electrón-positrón más grande que jamás se ha construido. (CERN, 2001)

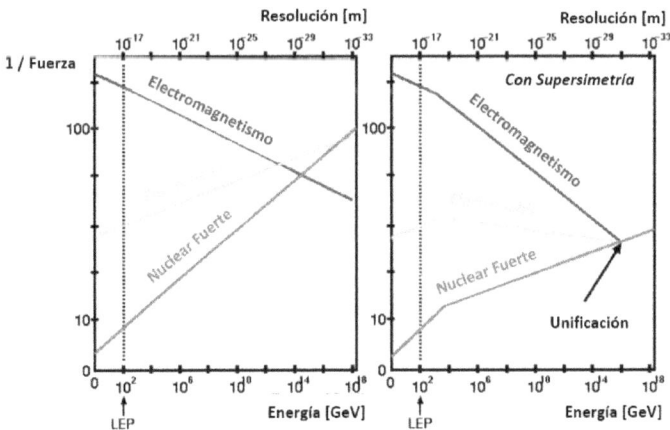

Figura 6. La Fuerza Recíproca versus La Energía para las Fuerzas de Color de la Naturaleza.

En la actualidad, los valores predichos de masa y otras propiedades físicas de las partículas conocidas en el Modelo Estándar actual a partir de las unidades de Planck y los principios fundamentales, son diecisiete órdenes de magnitud mayores que los valores observados de las partículas elementales más pesadas. ¡Algo se está tramando! El bosón de Higgs y otros mecanismos para ganar masa deben estar cerca o cerca del valor esperado del valor de la masa de Planck. COSUSY proporciona una teoría que aborda estas irregularidades desafiantes y el problema de la jerarquía.

También existe la incómoda verdad actual de que la fuerza nuclear fuerte puede no unificarse con la fuerza electrodébil debido a la falta de evidencia experimental hasta el momento. Las tres líneas proyectadas de las Fuerzas Nucleares EM-Débiles-Fuertes no se cruzan en el punto de unificación esperado. ¿Qué falta en la teoría actual?

Según se espera que se realicen experimentos efectivos, la existencia de los compañeros-i para cargas de color y las partículas elementales debería proporcionar la evidencia de la masa más pesada para cada compañero-i de las partículas elementales conocidas y las cargas de color del Modelo Estándar de Gluones.

El Gran Colisionador de Hadrones fue diseñado para proporcionar respuestas a estas preguntas, pero parece que se necesita un tipo diferente de experimentación.

Este tipo de experimentación fue un propósito importante para diseñar y construir el Gran Colisionador de los Hadrones. Sin embargo, las partículas esperadas no se han encontrado hasta ahora, y los límites de la magnitud de la masa calculada en las partículas han aumentado enormemente, que los investigadores todavía están buscando la solución al problema de la jerarquía, por lo que COSUSY está teorizado para proporcionar una solución a este problema y otros.

COSUSY proporciona soluciones teóricas a por qué los compañeros-i supersimétricos de color son tan grandes y por qué las masas de las partículas elementales son tan diminutas. El incentivo de COSUSY como una teoría encantadora y hermosa de la supersimetría del color también es un incentivo pragmático ya que otros enfoques teóricos se han quedado cortos.

Es muy importante predecir utilizando la teoría de la supersimetría de color, pero también probar esas ideas teórica y empíricamente para lograr los resultados elegantes y potentes que describen con precisión nuestra realidad física. Por lo tanto, queda mucho trabajo teórico y empírico por hacer.

La experimentación y las réplicas de los resultados deben proporcionar veracidad y evidencia fáctica. COSUSY está en el marco de la teoría de cuerdas de color, no como un medio para un fin, sino como una subestructura que sostiene la teoría desde la escala de Planck hasta las estructuras superiores de la macroescala de todos los objetos físicos del espacio-tiempo, la masa, la energía y la carga.

Una simple verdad es que un investigador o experimentalista que también es un buscador de la verdad física en la naturaleza no encontrará lo que no está allí para empezar, pero la verdadera pregunta se convierte en qué otro fenómeno en la naturaleza, que está presente, podría producir los mismos efectos. Si la búsqueda no continúa, ¿cómo revelaría la naturaleza al investigador o experimentalista sus misterios? Encontrar o no encontrar lo que se busca es en sí mismo un logro en la ciencia. Después de que se proponga toda la evidencia y los hechos, la naturaleza siempre será el juez final de la veracidad de una teoría o una idea.

¿Cuál es el estado actual de la supersimetría de color?

El Modelo Estándar de Gluones de las partículas elementales puede ser muy exitoso y completo para mejorar el actual Modelo Estándar que se considera incompleto, a pesar de que ha desempeñado un papel provisional para predicciones exitosas de las propiedades de las partículas y las características de la realidad física. A medida que la ciencia se acerca a la verdad definitiva de nuestro universo, puede ser que las ideas tengan que ser reemplazadas por ideas mayores, y las teorías por teorías más profundas. Entonces, este sería el camino del avance de la ciencia.

La supersimetría de color se teoriza para llenar el vacío duplicando el número de partículas elementales conocidas en el Modelo Estándar actual. Esta generalización de las simetrías es de una naturaleza relativista porque implica la reflexión espaciotemporal sobre la masa o la energía de la partícula debido a las propiedades conocidas del espacio-tiempo. Este efecto crea un compañero-i supersimétrico para cada partícula y masa virtual. COSUSY predice una colección de partículas compañeros-i con masas que incluyen las masas de los bosones Z^0 y los $W^\pm$, pero no de una colisión de muy alta energía. Por eso, en lugar de una colisión violenta de partículas, la búsqueda puede requerir una búsqueda sutil alrededor de sus límites espaciotemporales.

Las partículas supersimétricas se esperaban alrededor de otras partículas en cualquier lugar, con masas que no eran más pesadas que las masas de partículas que se sabía que estaban en las regiones cuánticas que se investigaron previamente, sin encontrar nunca efectos indirectos en los procesos que involucraban bajas energías. Estas partículas supersimétricas no se detectaron en el Gran Colisionador Electrón-Positrón en la década de 1990, lo que inicialmente puso en duda su existencia. (Arkani-Hamed et al., 2004)

Por consiguiente, cada vez es más esperanzador que la supersimetría de color pueda incluir las características originales buscadas por los investigadores de física, a saber, una unificación de fuerzas, una partícula para la masa fermiónica faltante y una explicación para la masa del bosón de Higgs. Un bucle de cadena de color alrededor de un punto espaciotemporal arbitrario donde los dos extremos de la cadena de color pueden unirse para manifestar un gravitón de color. Entonces, ¿es posible que la existencia de los gravitones de color pueda dotar al campo de Higgs? La idea de la supersimetría de color tiene el potencial de proporcionar las características deseadas.

Reevaluando las ideas y premisas de la Teoría de Cuerdas de Color

Teoricemos que la supersimetría de color existe en nuestro universo. Si dos partículas están entrelazadas, ¿existiría también el entrelazamiento entre los compañeros-i de las mismas partículas? De modo que, si las partículas supersimétricas de color se separan, habría un conducto cuántico espaciotemporal entre ellas que serviría como circuito taquiónico. Independientemente de la distancia espacial, las partículas supersimétricas pueden entrelazarse a través del tiempo para intercambiar estados cuánticos instantáneamente a través del medio espaciotemporal. Además, existen compañeros-i supersimétricos, pero no pueden ser detectados por colisiones diseñadas para las partículas reales o físicas y sus trayectorias, no partículas virtuales. Los compañeros-i no serían detectados por un cierto alto nivel de energía fuera de la esfera de influencia del compañero-i que se encuentra dentro del límite espaciotemporal de la partícula correspondiente. No se esperan firmas exóticas de las partículas físicas, solo las firmas de compañeros-i virtuales con límites virtuales significativos. No hay necesidad de partículas fantasmas que desaparecen después de la creación para que no se alejen para ser detectadas.

En consecuencia, los compañeros-i supersimétricos son duraderos y muy espacialmente adyacentes a la partícula correspondiente que pueden no permanecer a una distancia virtual fija debido a las variaciones del campo cuántico y el movimiento espaciotemporal que afecta la reflexión del compañero-i virtual. El enfoque de una búsqueda óptica de compañeros-i supersimétricos de las partículas del Modelo Estándar de baja energía sería útil para la Supersimetría de Color. El fondo no relacionado de las partículas de baja energía que pueden existir en el medio de detección, por lo que sería necesaria una técnica experimental para filtrar los efectos de estas partículas de baja energía no relacionadas que pueden indicar una supersimetría de color.

¿Qué buscan los investigadores actuales? Es la búsqueda para descubrir y comprender los misterios de la naturaleza lo que impulsa a los investigadores de la supersimetría. COSUSY tiene el potencial de proporcionar todas las características que los investigadores esperaban y buscaban. Por lo tanto, se necesita más investigación para validar su veracidad y la subestructura de sus elementos.

Resumiendo los beneficios potenciales de la supersimetría de color como un marco teórico:

- COSUSY estabilizaría la jerarquía de escalas de masa que se encuentran en la física de partículas, como la masa de Planck, la fuerza electrodébil y las escalas de gran unificación.

- Un gran candidato para la masa fermiónica que falta en nuestro universo en forma de la partícula supersimétrica del color más claro. Una partícula virtual que no tendrá que ser teorizada más pesada de lo que se pensaba originalmente, y aún así ser consistente con la masa experimental del bosón de Higgs.

- La medición muy precisa por el Gran Colisionador de Electrón-Positrón del ángulo de mezcla electrodébil que concuerda perfectamente con la supersimetría de color como una teoría unificada de las cargas de color. El ángulo de mezcla electrodébil es un parámetro fundamental del Modelo Estándar de Gluón que cuantifica las fuerzas relativas de la fuerza débil y el electromagnetismo, y gobierna cómo un bosón Z^0 se acopla a un fermión.

- La existencia teórica del Gravitón de Color puede dotar a un campo de Higgs. La indicación de que la masa calculada de 125 GeV/c^2 para el bosón de Higgs supersimétrico más ligero concuerda con el valor experimental. El acoplamiento del Higgs a otras partículas estaría muy cerca del Modelo Estándar de Gluones, que es consistente con lo que se ha medido hasta ahora.

- COSUSY estabilizaría el vacío electrodébil.

El potencial de COSUSY como un marco teórico tiene el incentivo de que puede estabilizar la jerarquía de escalas de masa como la escala de Planck, la escala electrodébil y la escala de gran unificación. COSUSY indica que también puede representar un contendiente para las partículas supersimétricas de color más finas que pueden constituir la materia fermiónica faltante del universo. Después de la medición muy precisa del Gran Colisionador de Electrón-Positrón del ángulo de mezcla electrodébil, es posible darse cuenta de que COSUSY está exactamente de acuerdo con las teorías de la gran unificación.

La masa calculada del bosón de Higgs supersimétrico del color más fino, con una masa empírica de aproximadamente 125,1 GeV/c^2 determinada por el Gran Colisionador de Electrón-Positrón, concuerda con el valor probable calculado. Por consiguiente, hubo expectativas y entusiasmo muy altos durante la operación inicial del

Gran Colisionador de Hadrones sobre las partículas supersimétricas, pero no sobre los compañeros-i supersimétricos de color porque los compañeros-i son partículas virtuales que actúan como si estuvieran físicamente allí desde la perspectiva de los compañeros reales. Incluso con COSUSY en la teoría subyacente, la falta de detección física no anula los principios subyacentes de la teoría o su éxito potencial. Tampoco las partículas supersimétricas tienen que ser necesariamente imaginadas más pesadas de lo que los investigadores pensaron originalmente. Dado que los compañeros-i no son necesariamente más pesados, no hay necesidad de hacer mucho más ajuste fino para resolver el problema electrodébil. Las predicciones empíricas del Gran Colisionador de Hadrones sobre la masa del Higgs refuerzan la estabilidad que COSUSY proporciona al vacío electrodébil, mientras que los acoplamientos de Higgs a otras partículas son más consonantes con las mediciones actuales.

El aumento en la escala GeV del Gran Colisionador de Hadrones a una escala TeV puede traer el descubrimiento inesperado de la veracidad de COSUSY del ámbito teórico al efecto existencial del principio subyacente de la teoría. Es probable que el resultado sea una nueva física, predicciones y mediciones más precisas para el área electrodébil y una mayor clarificación de la materia fermiónica faltante. Un Gran Colisionador de Hadrones de mayor energía debe indicar la existencia de las partículas masivas que interactúen débilmente o su inexistencia. A medida que la ciencia se desarrolla aún más, COSUSY puede permitirnos desarrollar una comprensión más profunda de la seis dimensiones del espacio-tiempo y cómo eso afecta la masa fermiónica faltante del universo, proporcionando una visión mucho mayor de la realidad física de las partículas, sus ondas y el fondo espaciotemporal, así como el rostro y las propiedades de COSUSY en los sistemas topológicos de materia condensada.

COSUSY puede describirse como una simetría en la naturaleza que puede no estar realmente allí, pero tendría implicaciones virtuales en las teorías de la gravedad cuántica bajo el Modelo Estándar de Gluones. COSUSY podría desempeñar un papel importante a medida que los investigadores exploren nuevas físicas por debajo de la escala de Planck de realidad física y virtualidad. Las interacciones de las cadenas de color proporcionarán una mayor comprensión a nivel cuántico como la subestructura de la materia, la energía y el espacio-tiempo.

No hay necesidad de modificar la evolución de expansión temprana del universo cuando las masas de los compañeros-i de COSUSY pueden proporcionar la masa fermiónica faltante o resolver el problema de la jerarquía. COSUSY tiene el potencial de desempeñar un papel crucial en la nueva física de las partículas porque los compañeros-i podrían deshacerse de varias cantidades infinitas que de otro modo podrían surgir de los cálculos de las interacciones de partículas de alta energía para la unificación de las fuerzas de la naturaleza. Eso no quiere decir que no se necesite más investigación para la historia temprana del universo o si el universo tuvo o no una expansión adiabática regular y suave a medida que nuestra comprensión crece más allá de las suposiciones actuales de las condiciones iniciales. COSUSY implica la duplicación del número de las partículas elementales conocidas. Por ejemplo, un bosón o un fermión tendría un COSUSY compañero-i donde el fermiónico compañero-i tendría su bosónico COSUSY compañero-i. Por lo tanto, los bosones de calibre como un gluón, un fotón, un $W^{\pm}$ y un Z^0, tienen sus compañeros-i. Estas partículas COSUSY existen como los compañeros-i virtuales para los fermiones reales y los bosones de calibre. Las partículas virtuales de los compañeros-i son las partículas fermiónicas o los bosones de calibre en los que los fermiones reales y los bosones de calibre son transformados por COSUSY. La supersimetría de color puede proporcionar una mejor comprensión de la asociación de los fermiones y los bosones, y los acoplamientos de estas partículas.

COSUSY es un marco matemático complejo basado en la teoría de las transformaciones de grupo y una simetría entre los bosones, que son partículas con valores enteros de espín, y los fermiones, que son partículas con valores de fracción de espín o un momento angular intrínseco. El concepto COSUSY es una característica clave para la realización del gravitón de color, una teoría cuántica coherente. COSUSY ejemplifica la simetría local con las transformaciones espaciotemporales que conducen a la realización del gravitón de color, un bosón de espín-2 con la fuente de gravitación como el tensor de tensión-energía-momento, o el portador de la fuerza gravitacional. En ese marco local, COSUSY incorpora una teoría de la supergravedad de color.

La simetría se refiere a una propiedad de proporción, orientación y equilibrio armoniosos e inmutables. La simetría matemática es una definición más exacta, para referirse a un objeto que no cambia bajo alguna operación de transformación, incluyendo traslación, rotación, escalado o reflexión. Un triángulo, que gira alrededor de su centro a través de 120^0, 240^0 o 360^0, tiene una simetría triple por la cual el triángulo parece estar en la misma orientación. Las tres rotaciones devuelven el triángulo a su orientación original. Las leyes de la realidad física manifiestan la simetría del espacio y el tiempo a través de la conservación del momento y la conservación de la energía. La supersimetría de color dota a una partícula como un fermión para ser transformada en una partícula como un bosón, sin variar las características de la interacción portadora de las partículas o la teoría de partículas fermiónicas subyacente. La transformación de una partícula fermiónica en un bosón de calibre y su transformación inversa en un fermión implica una traslación a través del medio espaciotemporal bajo los efectos relativistas de la Teoría General de la Relatividad. Por consiguiente, COSUSY proporciona una correspondencia entre las transformaciones espaciotemporales al momento angular intrínseco o el espín de las partículas elementales.

Por consecuencia, COSUSY permite una correspondencia entre las partículas fundamentales de masa, que incluyen los fermiones y los bosones, reduciendo efectivamente el número de las partículas a solo las partículas elementales de la subestructura, como los gluones de acuerdo con la comprensión actual.

Los paradigmas teóricos de la nueva física se basan en la Teoría General de la Relatividad, la Mecánica Cuántica y el Modelo Estándar de Gluón, que han sido discutidos en las investigaciones anteriores como las teorías anidadas, o dispuestas en una estructura jerárquica que está incrustada en la realidad física. (Nieves, 2020 y 2021) Esta estructura jerárquica indica la dirección de la experimentación hacia una mayor realización y la expansión del conocimiento y las tecnologías avanzadas.

Capítulo 4

El grupo de color unitario espaciotemporal de orden "n" para las cargas de color

§ 1. ¿Conducen las simetrías, las traslaciones, las escalas, las reflexiones y las rotaciones al descubrimiento de las leyes de la Naturaleza?

¿Por qué es importante el Grupo Unitario Espaciotemporal en la física? En matemáticas de la Teoría de Grupos, el grupo unitario espacial (o también conocido como especial) de grado "n", denotado SU(n), es el grupo de Lie de n × n matrices unitarias con determinante de valor 1. Las matrices unitarias más generales pueden tener sus determinantes complejos con valor absoluto de 1, en lugar de valor real de 1 en el caso espacial. El grupo unitario temporal de grado "n" se denota TU(n), es el grupo de Lie de n × n matrices unitarias con determinante con un valor absoluto de 1. La operación de grupo es la multiplicación de las matrices.

Los grupos unitarios parecerían muy naturales si estás familiarizado con los espacios vectoriales complejos normalizados, como los espacios de Hilbert de la Mecánica Cuántica. Son los mapas que preservan la longitud o los grupos ortogonales del reino complejo. Particularmente, U(n) es el conjunto de todas las funciones en C^n que conservan la normalizada $u^\dagger u$ para todo u ∈ C^n, donde el símbolo ∈ indica la pertenencia al conjunto y significa que u es un elemento del conjunto C^n, y $u\dagger$ es el conjugado Hermítico de u, de modo que si $u = u\dagger$, así $uu^\dagger = uu = u^\dagger u$. Por lo tanto, una matriz cuadrada es Hermítica, o Hermitiana, sí y solo sí es unitariamente diagonalizable, o similar a una matriz diagonal, con los valores propios reales, que son los factores escalares, o los cambios, de los vectores propios distintos de cero, después de que se aplican las transformaciones lineales a cada uno de ellos. En álgebra lineal, un vector propio, o un autovector, cambia a lo sumo por un factor escalar cuando se le aplica una transformación lineal.

Aparte, $\langle , \rangle$ es un producto interno de C^n, llamado el producto interno estándar en C^n. El espacio vectorial C^n con el producto interno estándar se denomina un espacio "n" Euclídeo y complejo. Además, si la traspuesta conjugada de una matriz cuadrada es igual a su inversa, entonces es una matriz unitaria.

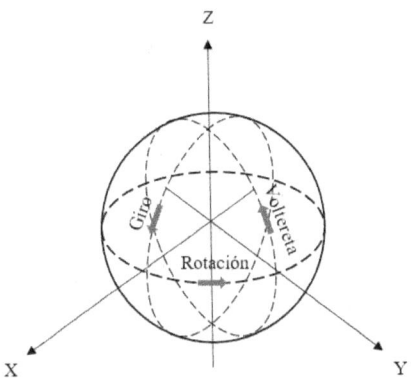

Figura 1. Una Ilustración de los Componentes Potenciales del Espín.

(Espín → Giro (Cabeceo) + Rotación (Guiñada) + Voltereta hacia atrás (Alabeo) → Bamboleo)

Es importante reiterar que el grupo unitario espacial (especial) de grado "n", denotado SU(n), es el grupo de Lie de n × n matrices unitarias con determinantes de un valor de 1. Otras matrices unitarias, que son más generales, pueden tener sus determinantes complejos con valor absoluto de 1, en lugar de con valor real de 1 en el caso espacial (especial). La operación de grupo es la multiplicación de matrices.

En la teoría de grupos, SU(2) también es idéntico a uno de los grupos de simetría de los espinores, El espín espacial (3), que permite una presentación de un espinor de rotaciones.

El grupo unitario espacial (especial) SU(3) es un subgrupo del grupo unitario U(3), que consiste en todas las matrices unitarias espaciales n × n. El grupo unitario temporal TU(3) es un subgrupo del grupo unitario U(6), formado por todas las matrices unitarias temporales n × n. El grupo de simetría SU(3) aparece significativamente en la física de las partículas elementales. Cada una de estas simetrías se refiere a una simetría triple subyacente en la física de la interacción fuerte. Entonces, SU(3) es el grupo de matrices U especiales y unitarias que son 3 × 3.

El tiempo emerge del espacio, y el espacio dota más tiempo. Es posible considerar una distancia espacial "r" como equivalente a una distancia temporal multiplicada por la velocidad de la luz, "ct". A partir de las investigaciones anteriores, también podemos considerar que SU(6) representa un formalismo (3 + 3) para el espacio-tiempo de seis dimensiones en términos de una combinación de tres dimensiones espaciales y tres dimensiones pseudo espaciales. SU(6) corresponde a una transformación unitaria especial general en los vectores unitarios complejos, tanto espaciales como temporales. La representación natural es las matrices de (6 × 6) que actúan sobre vectores complejos de seis dimensiones. Hay (9) parámetros, de los ($n^2 - 1$) generadores posibles, de los cuales solo (9) generadores, $(X_0, X_1, ... X_8)$ son aplicables, y (8) generadores, $(X_1, ... X_8)$, son equivalentes a los generadores SU(3) de Gell-Mann. (Nieves, 2020)

Los grupos SU(n) encuentran una amplia aplicación en el Modelo Estándar de Gluón de la física de las partículas, particularmente en el caso más simple, SU(1), en la interacción de una forma de onda espaciotemporal en un punto arbitrario, SU(2) en la interacción electrodébil, y SU(3) en la cromodinámica cuántica. Los grupos TU(n) encuentran amplias aplicaciones en el Modelo Estándar de Gluon, especialmente en el campo gravitacional sobre una masa o un cuerpo de masa. De las investigaciones anteriores, el gradiente del campo gravitacional es el gradiente del campo escalar temporal cerca de un objeto masivo. El grupo SU(1) es el grupo trivial o grupo cero, que tiene sólo el subgrupo que consiste sólo en el elemento de identidad. El elemento único del grupo trivial es el elemento de identidad que generalmente se denota como tal: 0, 1 o "e" dependiendo del contexto. Si la operación de grupo se denota "·", entonces se define por e · e = e. El grupo trivial es "cíclico" de orden 1, y como tal puede denotarse Z_1 o C_1. Si la operación de grupo es adición, el grupo trivial generalmente se denota con "0". Si la operación de grupo es la multiplicación, así, el grupo trivial se denota típicamente "1". En consecuencia, estas definiciones pueden combinarse para el anillo trivial o cero en el que las operaciones de adición y multiplicación son idénticas y, como resultado, 0 ≡ 1. El grupo trivial sirve como el objeto cero en la categoría de los grupos, lo que significa que es tanto un objeto inicial como un objeto terminal. Por eso, el grupo trivial, SU(1), encuentra una amplia aplicación en la interacción de una forma de onda espaciotemporal en un punto arbitrario del medio.

A medida que las ondas espaciotemporales retardadas y avanzadas interfieren constructiva o destructivamente en un punto arbitrario, el medio espaciotemporal puede expandirse, contraerse o permanecer igual. Todas las ondas espaciotemporales de todas las direcciones se suman en un punto denotado por "0", o extienden la amplitud de la onda denotada como "1", donde la propiedad de resta puede considerarse como un caso especial de la propiedad de adición en la interferencia de las ondas espaciotemporales. (Nieves, 2020)

Como un grupo clásico compacto, U(n) es el grupo que conserva el producto interno estándar en el campo de los números reales (R^n) y en el campo de los números imaginarios (i^n), o como resultado, en el campo de los números complejos, C^n. Es en sí mismo un subgrupo del grupo lineal general, SU(n) $\subset$ U(n) $\subset$ GL(n, R), o similarmente, TU(n) $\subset$ U(n) $\subset$ GL(n, i).

El grupo SU(2) es isomorfo al grupo de los cuaterniones de normalización de 1, y es difeomorfo a la esfera 3-espacial. Un cuaternión es un número complejo con un número imaginario tridimensional (temporal) y un número real (espacial) de la forma d + ai + bj + ck, donde (d, a, b, c) son números reales e (i, j, k) son unidades imaginarias que satisfacen ciertas condiciones. Las tres dimensiones espaciales se pliegan y las tres dimensiones temporales se despliegan en un formalismo (1 + 3) espaciotemporal. En consecuencia, un hiperternión se define como un número complejo con un número real tridimensional (espacial) y un número imaginario (temporal) de la forma di + ax + by + cz, donde (d, a, b, c) son números reales y (x, y, z) son unidades reales (espaciales) que satisfacen ciertas condiciones, donde di es un número imaginario (temporal). Las tres dimensiones temporales se pliegan y las tres dimensiones espaciales se despliegan en un formalismo (3 + 1) espaciotemporal. Un ejemplo de un hiperternión serían las coordenadas cuatridimensionales de un punto en un teseracto o hipercubo. El grupo TU(2) es isomorfo al grupo de hiperterniones de una normalización de 1, y por lo tanto es difeomorfo a la esfera 3-temporal.

Un homomorfismo de grupo que es sobreyectivo alcanza todos los puntos del codominio. Dado que los cuaterniones unitarios se pueden usar para representar las rotaciones en el espacio tridimensional, existe un homomorfismo sobreyectivo de SU(2) al grupo de rotación SO(3) cuyo núcleo es {+I, −I}, donde I es la matriz de identidad espacial 3 × 3. SU(2) también es idéntico a uno de los grupos de simetría de los espinores, Espín Espacial (3), que permite una presentación de un espinor de rotaciones. El grupo SO(3) se utiliza para describir las posibles simetrías rotacionales de un objeto, así como las posibles orientaciones de un objeto durante su espín en el espacio. El grupo TO(3) se utiliza para describir posibles simetrías rotacionales de un objeto a través del volumen temporal, o la posible orientación de un objeto durante su caída en el tiempo, cuyo núcleo conjugado imaginario es {+I*, −I*}, donde I* es la matriz de identidad temporal 3 × 3.

Por consiguiente, para una cadena de color de seis dimensiones, denotamos

$$SU(3) - TU(3) \equiv \pm U(6) \qquad (1.1)$$

Para una superficie de cuatro dimensiones con un formalismo (2 + 2), tenemos

$$SU(2) - TU(2) \equiv \pm U(4) \qquad (1.2)$$

$$\text{Espín Espacial}(3) - \text{Espín Temporal}(3) \equiv \pm U(4) \qquad (1.3)$$

Para un volumen espacial tridimensional, obtenemos

$$SU(3) \subset U(3) \subset GL(3, R) \qquad (1.4)$$

Para un volumen espaciotemporal de seis dimensiones con un formalismo (3 + 3), podemos escribir

$$[SU(3) \wedge TU(3)] \subset U(6) \subset GL(6, C) \qquad (1.5)$$

Representando SU(6) con un formalismo (3 + 3) para el espacio-tiempo de seis dimensiones en términos de una combinación de tres dimensiones espaciales y tres dimensiones pseudo espaciales, obtenemos

$$SU(6) \subset U(6) \subset GL(6, C) \qquad (1.6)$$

Una noción general de las transformaciones unitarias, ya que los grupos unitarios son solo los grupos que consisten en las transformaciones unitarias, ayuda a formar una intuición física detrás de los grupos unitarios. Es útil comenzar con las rotaciones de la física clásica, que se conocen como las transformaciones ortogonales, que son objetos más familiares, para desarrollar una buena intuición física.

Una transformación ortogonal es una transformación lineal que conserva un producto interno simétrico. En particular, una transformación ortogonal conserva las longitudes de los vectores y los ángulos entre los vectores. ¿Por qué es así? Esto se debe a que las transformaciones unitarias son básicamente lo mismo que las transformaciones ortogonales cuando comienzas a usar números complejos, o los espacios vectoriales complejos, en lugar de los números reales.

Por lo tanto, las rotaciones en tres dimensiones espaciales son simplemente las transformaciones que no cambian los productos de puntos entre los vectores.

$$R\vec{q} \cdot R\vec{p} = \vec{q} \cdot \vec{p} \qquad (1.7)$$

Por consiguiente, las rotaciones de la física clásica son especiales porque los observadores con los ejes que giran entre sí medirán las mismas relaciones físicas. Además, el grupo de rotación es un subgrupo del grupo de Lorentz que conecta las mediciones de dos observadores inerciales. Del mismo modo, un cierto tipo de transformación puede producir una medición de la realidad física que puede ser utilizada para comprender mejor las transformaciones unitarias.

Consideremos un espacio vectorial sobre los números complejos donde hay una noción de "producto punto". En un contexto tan general, un producto generalmente se llama producto interno, y en ese contexto podemos emprender las transformaciones que no cambien los productos internos entre los vectores como:

$$\langle U\vec{q}, U\vec{p}\rangle = \langle \vec{q}, \vec{p}\rangle \qquad (1.8)$$

y este tipo de transformaciones se denominan las transformaciones unitarias.

La Mecánica Cuántica tiene en su base los espacios vectoriales complejos con los productos internos, ya que los estados puros de los sistemas cuánticos son los vectores en los espacios vectoriales complejos, y los productos internos de estos vectores nos permiten calcular las probabilidades para ciertos resultados de medición.
En el contexto anterior, las transformaciones unitarias se vuelven muy físicas y significativas. Pueden considerarse como las transformaciones de simetría en el sistema cuántico porque preservan el producto interno que determina las probabilidades de medición. Además, las transformaciones unitarias no cambian los resultados de medición en la Mecánica Cuántica, de la misma manera que las rotaciones no cambian lo que un observador mide en la física clásica. (Wigner, 1931)

En la Mecánica Cuántica, la normalización de probabilidades está representada por la normalización de los vectores de estado con respecto a la función de onda que es en sí misma pura probabilidad. Por lo tanto, es posible describir el valor de expectativa "E" de un observable en estado $|\psi\rangle$ como $\langle\psi|E|\psi\rangle$, y su normalización asegura que el valor de expectativa de una constante es esa misma constante, $\langle\psi|1|\psi\rangle = \langle\psi|\psi\rangle = 1$. En consecuencia, esta afirmación es el requisito de que las probabilidades tienen que sumarse hasta 1. Si una transformación es una evolución del tiempo, definitivamente sería deseable asegurar que se conserva la condición de la normalización. Además, generalmente sería deseable tener también operaciones reversibles como la transformación que implica la evolución del tiempo de los sistemas cuánticos cerrados, que sería necesaria para los espacios de Hilbert de dimensión infinita, pero no para los espacios de Hilbert de dimensión finita donde el requisito de conservación de la normalización es suficiente.

Consideremos ahora la transformación de U con la expectativa de un resultado, para el estado que se ha transformado a través de la evolución del tiempo como $|\varphi\rangle = U|\psi\rangle$. En consecuencia, la condición de normalización se convierte $\langle \varphi | \varphi \rangle = \langle \psi | U^\dagger U | \psi \rangle$ para todos los $|\psi\rangle$, y se produce que, $U^\dagger U = 1$, ya que U se suponía que era reversible, indica que $U^\dagger = U^{-1}$, lo que confirma la definición anterior de una transformación unitaria.

Por consiguiente, hay transformaciones unitarias.

§ 2. ¿Qué es un grupo unitario?

Es posible declarar que un grupo unitario es simplemente un conjunto de transformaciones unitarias con ciertas propiedades:

- El grupo unitario es un subgrupo del grupo lineal general, GL.

- La transformación inversa se engloba dentro de cada transformación. Entonces, como resultado, la transformación inversa de una transformación unitaria es en sí misma una transformación unitaria.

- El grupo unitario contendría la transformación de identidad, que no podría hacer nada para cambiar la normalización, lo que confirma que es una transformación unitaria.

- Después de realizar dos transformaciones, el resultado sería el producto de las dos transformaciones si se aplican dos operaciones consecutivas y el resultado final es nuevamente una transformación unitaria, con una normalización sin cambios.

§ 3. ¿Cómo aparece un grupo unitario finito en la Mecánica Cuántica antes de aparecer en la Teoría Cuántica de Campos?

Se sabe que el electrón tiene una propiedad cuántica llamada "espín", que es una forma de momento angular, una propiedad intrínseca o una propiedad cuántica de un electrón. Cuando esa propiedad intrínseca se mide en cualquier dirección, el observador obtiene uno de los dos valores, "espín hacia arriba" (generalmente denotado por $|\uparrow\rangle$) o "espín hacia abajo", que generalmente se denota por $|\downarrow\rangle$). Por lo tanto, si no se tiene en cuenta la dependencia espacial de la función de onda, el estado de espín que es más común para un electrón de acuerdo con el principio de superposición es $|\psi\rangle = \mu|\uparrow\rangle + v|\downarrow\rangle$, $|\mu|2 + |v|2 = 1$, donde la condición se debe a la restricción de normalización.

Es interesante notar que el estado de "espín hacia arriba", o el estado de "espín hacia abajo", se definen en relación con una cierta dirección. Sin embargo, la naturaleza es isotrópica, y la naturaleza no tiene una dirección preferida a pesar de que un experimento en particular puede estar diseñado para establecer una dirección específica; por ejemplo, mediante el uso de un campo electromagnético externo.

Entonces, es posible representar el mismo estado de "espín hacia arriba" o el mismo estado de "espín hacia abajo" de cualquier otra dirección que sea equivalente a la rotación del marco de referencia que está involucrado en este caso. Por ejemplo, describamos el estado "espín hacia arriba" y el estado "espín hacia abajo" correspondiente a esas otras direcciones como el "espín hacia arriba" $|\uparrow*\rangle$ y el "espín hacia abajo" $|\downarrow*\rangle$ que se puede escribir como:

$$|\psi\rangle = \mu|\uparrow\rangle + v|\downarrow\rangle = \varepsilon|\uparrow*\rangle + \beta|\downarrow*\rangle \qquad (3.1)$$

Claramente, la transformación de (μ,v) a (ε,β) debe ser lineal para apoyar las superposiciones. En consecuencia, la transformación debe ser reversible porque la ecuación puede interpretarse bidireccionalmente. No obstante, las condiciones de la normalización deben cumplirse en cualquier dirección de cada interpretación.

Por consiguiente, se puede aplicar una operación lineal reversible que conserve la normalización para proceder de (μ,v) a (ε,β) que también es una operación unitaria. El conjunto bidimensional de operaciones unitarias se conoce como U(2), pero no todas estas operaciones unitarias son necesarias porque el estado físico no es cambiado por la fase global en el vector de estado.

Es interesante reiterar que las transformaciones unitarias siempre tienen un determinante con un valor absoluto de 1, ya que la fase es insignificante en este contexto, puede seleccionarse para que el determinante sea en realidad un valor real de 1. Por eso, las transformaciones que se conocen como las "operaciones unitarias especiales" forman un grupo conocido como SU(2), y todo SU(2) es necesario para describir las rotaciones del espín.

Como se dijo anteriormente, existe una estrecha relación del grupo SU(2) con el grupo SO(3) de las rotaciones espaciales. En consecuencia, para cada transformación SU(2), hay una transformación SO(3) única correspondiente, pero no al revés, porque para cada transformación SO(3) hay dos transformaciones SU(2). De hecho, esas dos transformaciones no hacen una diferencia física porque solo difieren en signo. Sin embargo, el signo negativo de las transformaciones no puede ser ignorado sin repercusiones profundas, como puede hacerse con el resto de la fase, al pasar de U(2) a SU(2).

PARTE III

LA FRONTERA DE LA FÍSICA CUÁNTICA

Capítulo 5

La teoría de la gravedad cuántica de bucle de color

§ 1. ¿Es el espinor de color y su conexión de espín un caso sin condiciones para la gravedad cuántica?

¿Intenta la gravedad cuántica de bucle de color cuantificar la Relatividad General sin condiciones?

A partir de las investigaciones anteriores, la aparición de un campo contra gravitacional se ha descrito en términos de su teoría ondulatoria, pero también podría haberse descrito en sus términos de espinores. Los espinores fueron introducidos en la geometría por el eminente matemático Élie Cartan en 1913. (Cartan, 1981) Un espinor es un cuanto vectorial de momento angular intrínseco, o de espín, como conexión a través de un bucle cerrado. Un espinor puede conceptualizarse como la raíz cuadrada de una sección de fibrados vectoriales; el producto de un espinor y su conjugado complejo hace un vector. Un espinor puede considerarse un objeto primitivo desde donde se puede introducir un vector o un tensor en una variedad con una métrica. Por ejemplo, durante una transformación bilateral de un vector de Pauli, $\psi V \psi^{\dagger}$, un espinor solo gira la mitad que un vector.

Por lo tanto, la mitad de una rotación en el espacio de estado de un espinor es una rotación completa en el espacio físico de un vector, o una rotación completa en el espacio de estado equivale a dos rotaciones en el espacio físico. El análisis de espinores puede considerarse un sustituto del análisis complejo. Por eso, una dimensión espaciotemporal alrededor de un punto puede conectarse de nuevo sobre sí misma, para definir cualquier geometría tridimensional espacial de estos bucles dimensionales cerrados. Cada bucle cerrado es un gravitón de color elemental con su espinor de color que cuantifica la gravitación, y conecta y entrelaza el tejido espaciotemporal. Cada cuanto de gravitación se cuantiza de una manera independiente del fondo para manifestar la gravitación cuántica del bucle de color. Por consiguiente, un espinor de color se basaría en la aparición de un gravitón de color.

Para mantener el tema elemental, el autor ha declarado sin prueba el teorema de Cartan sobre representaciones lineales de grupos simples de las investigaciones anteriores. (Nieves, 2020)

Proporcionan una representación lineal del grupo de rotaciones en un espacio con cualquier número *"n"* de dimensiones; cada espinor tiene 2^v componentes donde $n = 2v + 1$ o $2v$.

Los espinores en seis dimensiones espaciotemporales ocurren en las ecuaciones electrograviticas de Dirac de seis dimensiones, las seis funciones de onda no son otra cosa que los componentes de un espinor.

Consideremos el medio espaciotemporal de la relatividad especial referido a las coordenadas x^1, x^2, x^3, x^4, x^5, x^6, una función de la posición *f*. El diferencial *df* es un escalar invariante bajo todas las transformaciones de Lorentz directas o inversas.

El vector covariante $\partial/\partial x$ puede expresarse como

$$df \equiv \frac{\partial f}{\partial x^1} dx^1 + \frac{\partial f}{\partial x^2} dx^2 + \frac{\partial f}{\partial x^3} dx^3 + \frac{\partial f}{\partial x^4} dx^4 + \frac{\partial f}{\partial x^5} dx^5 + \frac{\partial f}{\partial x^6} dx^6 \quad (1.1)$$

La transformada diferencial dx^i según los componentes de un vector contravariante, y en consecuencia podemos considerar los seis operadores $\partial/\partial x^i$ como los componentes de un vector covariante; los componentes contravariantes de este vector vienen dados por

$$\frac{d}{dx^1}, \frac{d}{dx^2}, \frac{d}{dx^3}, -\frac{1}{c}\frac{d}{dx^4}, -\frac{1}{c}\frac{d}{dx^5}, -\frac{1}{c}\frac{d}{dx^6} \quad (1.2)$$

Un espinor describe la rotación en un punto espaciotemporal específico independientemente de la rotación en cualquier otro punto del espacio-tiempo.

$$\vec{\Psi}(r,t) = \sum_{n=1}^{6} \vec{\Psi}_n(r,t) = \begin{vmatrix} \vec{\Psi}_1(t) \\ \vec{\Psi}_2(r) \\ \vec{\Psi}_3(t) \\ \vec{\Psi}_4(r) \\ \vec{\Psi}_5(t) \\ \vec{\Psi}_6(r) \end{vmatrix} \quad (1.3)$$

Denotando la matriz asociada $\vec{\Re}$ en lugar de $\partial/\partial x$ según investigaciones anteriores, donde $\vec{\Re}$ es el operador Robertoniano de seis dimensiones, y $\vec{\Psi}(r,t)$ es el espinor de función de onda espaciotemporal de seis dimensiones del sistema.

$$\vec{\Re} = -\frac{1}{c}\frac{\partial}{\partial t_x}\vec{a}_{t_x} + \frac{\partial}{\partial x}\vec{a}_x - \frac{1}{c}\frac{\partial}{\partial t_y}\vec{a}_{t_y} + \frac{\partial}{\partial y}\vec{a}_y - \frac{1}{c}\frac{\partial}{\partial t_z}\vec{a}_{t_z} + \frac{\partial}{\partial z}\vec{a}_z \quad (1.4)$$

Introduzcamos las seis funciones de onda que son los componentes de un espinor $\vec{\Psi}(r,t)$ y las funciones de la posición "x"; y V sea el potencial vectorial asociado.

$$V = c\left(\sum_{n=1}^{3} \alpha_n \hat{p}_n\right) \quad (1.5)$$

La matriz temporal de Seis Componentes de Dirac-Lorentz, β, está dada por

$$\beta = \begin{vmatrix} 1 & 0 & 0 & 0 & 0 & 0 \\ 0 & 1 & 0 & 0 & 0 & 0 \\ 0 & 0 & -1 & 0 & 0 & 0 \\ 0 & 0 & 0 & -1 & 0 & 0 \\ 0 & 0 & 0 & 0 & 1 & 0 \\ 0 & 0 & 0 & 0 & 0 & 1 \end{vmatrix} \quad (1.6)$$

Podemos expresar la diferencia de energía de los dos términos anteriores a la izquierda como una sola expresión de energía, con matrices de espín temporal de Dirac-Pauli de seis componentes, o matrices gamma, γ^ε, y una matriz de momento espacial tridimensional, $\hat{p}_n$, con seis componentes. (Nieves, 2020)

Con esta notación, las ecuaciones de Dirac de seis dimensiones para un electrón en un campo electromagnético son las siguientes:

$$\left\{i\hbar\vec{\Re} - c\left(\sum_{n=1}^{3} \alpha_n \hat{p}_n\right) - \beta m'c^2\right\}\Psi(r,t) = 0 \qquad (1.7)$$

Simplificando la ecuación relativista, tenemos,

$$i\hbar c\gamma^\varepsilon \vec{\Re} = i\hbar\vec{\Re} - c\left(\sum_{n=1}^{3} \alpha_n \hat{p}_n\right) \qquad (1.8)$$

$$\left(i\hbar c\gamma^\varepsilon \vec{\Re} - \beta m'c^2\right)\Psi(r,t) = 0 \qquad (1.9)$$

Donde los símbolos: i, $\hbar$, c, y m', todos tienen significados físicos bien conocidos.

La ecuación relativista de las ondas mecánicas cuánticas de seis dimensiones, incluida la interacciones electromagnética, describe todas las partículas masivas de espín−½ para los fermiones (todos los quarks y leptones), que son simétricos bajo paridad, o simétrico si el signo de una coordenada espacial está invertido. Esta ecuación es consistente con la Teoría Especial de la Relatividad y los Principios de la Mecánica Cuántica e incluye la evolución del tiempo tridimensional. La ecuación abarca seis ecuaciones de onda de movimiento para un electrón, un positrón, un neutrino electrónico y sus antipartículas, sumergidas en un externo campo electromagnético en el espacio-tiempo de seis dimensiones.

La ecuación relativista de seis dimensiones tiene seis componentes o estados, o seis grados de libertad, para partículas y antipartículas, cada componente es una dirección de espín o anti-espín. Según lo predicho por Dirac, cada partícula, o antipartícula, siempre se mueve en $"c"$ con un movimiento tembloroso, $\langle v \rangle = \pm c$, debido a las fuerzas de Coulomb más débiles cerca de los protones a distancias de longitud de onda Compton, lo que hace que el movimiento parezca más lento, a pesar de que el movimiento se atiene a la Teoría Especial de la Relatividad. La ecuación relativista única de seis dimensiones se despliega en seis ecuaciones diferenciales parciales lineales acopladas de primer orden para los seis componentes que componen la función de onda mecánica cuántica de seis dimensiones.

Aparte, según la observación de Cartan, en un medio espaciotemporal con un número impar de dimensiones, no existen sistemas de ecuaciones a las ecuaciones de Dirac que son invariantes bajo reversiones y desplazamientos; esto se deduce del hecho de que el espinor del primero no es equivalente al espinor del segundo con respecto a las reversiones. Sin embargo, en un medio espaciotemporal con cualquier número par de dimensiones, las ecuaciones de Dirac generalizan tal como están. (Cartan, 1981).

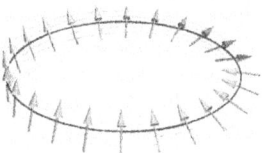

Figura 1. Una Ilustración de un Espinor.

Por eso, la región espaciotemporal, o el fondo de las partículas elementales, puede conceptualizarse como un medio poroso de los píxeles de color, o de las fuentes puntuales espaciotemporales, que cubren todo el tejido del espacio-tiempo de la realidad física, como un circuito cerrado elemental de campo gravitacional de una manera independiente del fondo.

Esta realización presenta una representación alternativa de la Teoría General de la Relatividad en los términos de los espinores de color y los gravitones de color, los cuantos de gravitación, como sus constituyentes. Los bucles gravitacionales de color pueden entrelazarse en una red de espín utilizando variables de Ashtekar para una región espaciotemporal suave a gran escala. Sin embargo, a una escala cuántica, la región espaciotemporal sería ondulado, cuantizado con las facetas espaciotemporales y pixelado debido a la emergencia o la convergencia espaciotemporal en cualquier punto arbitrario. (Ashtekar, 1986)

Es posible teorizar que la Teoría de Cuerdas de Color, la Mecánica Cuántica y la Relatividad General pueden combinarse sin suplantar o eliminar sus principios fundamentales claves. La Gravedad Cuántica del Bucle de Color tiene independencia de fondo en el espacio-tiempo de seis dimensiones o en el espacio-tiempo de cuatro dimensiones que ha sido plegado, ya que las cadenas de color son de naturaleza espaciotemporal. El espacio dota al tiempo, y luego el tiempo dota más espacio. El tiempo es abordado por "Una Teoría Dinámica del Espacio-tiempo". (Nieves, 2020) El marco teórico combinado prediciría las predicciones actuales de cada uno de sus componentes, incluidas las ecuaciones de campo de Einstein de seis dimensiones y las ecuaciones de la mecánica cuántica. La velocidad de la luz depende de las ondas espaciotemporales debido a la expansión o la contracción del espacio-tiempo en cada punto de su trayectoria. La gravedad cuántica del bucle de color surge de la teoría de las cuerdas de color.

Todo lo que hay tiene un aspecto espaciotemporal, y el espacio-tiempo puede expandirse, permanecer estático o contraerse, según se ha conceptualizado, por consiguiente, las cadenas de color o cualquier otra manifestación física tiene las mismas propiedades espaciotemporales. El desplazamiento al rojo o al azul de la luz a medida que viaja a través del medio espaciotemporal se debe a la propiedad de onda del medio espaciotemporal. El bosón de Higgs ha sido detectado, no observado, ya que cualquier otra manifestación cuántica potencial puede ser eventualmente detectada si existe en nuestra realidad física o virtualidad.

En consecuencia, las cuerdas de color vibran dentro de un cierto medio espaciotemporal como una forma de energía, pero los gravitones de color pueden dotar de campos gravitacionales que dotan a los campos de Higgs. Por lo tanto, la Teoría de Cuerdas de Color sustenta el Modelo Estándar de Gluones de la Física Cuántica.

La Relatividad General describe la gravedad en los términos de interacciones entre la masa y el espacio-tiempo. El espacio-tiempo es dinámico e independiente del fondo. La Mecánica Cuántica describe la composición y el comportamiento de la materia en términos de constituyentes elementales. El espacio-tiempo es pasivo y dependiente del fondo. La teoría de cuerdas de color describe todo lo anterior y puede ser tanto dependiente del fondo espacial como independiente del fondo temporal.

§ 2. *¿Podría el espacio-tiempo ser la fuente de un trasfondo dependiente e independiente de la realidad física, así como la fuente de la quintaesencia de todo lo que hay?*

Imaginemos el gravitón de color, o el bucle de cadena de color, como si se creara alrededor de un píxel de color o un punto de una fuente espaciotemporal. El Gravitón de Color se forma alrededor del punto de píxel donde puede permanecer o propagarse dependiendo de su frecuencia, energía o interacción con otras cargas de color o gravitones de color, o las perturbaciones en su fondo espaciotemporal.

Por ejemplo, un toro de hielo puede formarse alrededor de un punto de fuente de agua por algún método donde la temperatura del agua es lo suficientemente fría como para no hacer que el cuerpo de hielo en forma de rosquilla se derrita, pero no demasiado frío para congelar el agua a su alrededor. Por lo tanto, el toro de hielo y el agua están hechos de la misma sustancia, pero no tienen la misma fase de materia. El toro es sólido y el agua alrededor es un líquido. Es posible conceptualizar que el agua alrededor del toro es su fondo o medio separado, y el toro puede ser independiente de su fondo como un sistema persistente de masa. Pero también es el caso de que tanto el objeto como su fondo consisten en la misma sustancia pero en una fase física diferente de la existencia y con otras propiedades diferentes.

El bucle de cuerda de color, o gravitón de color, puede tener una manifestación física análoga en nuestra realidad. El fondo espaciotemporal del gravitón de color puede consistir en píxeles de color o en puntos espaciotemporales, y también puede haber las fuentes de puntos espaciotemporales en el fondo espaciotemporal, donde el espacio dota al tiempo, y luego el tiempo dota más espacio. El Gravitón de Color como un bucle de cuerda de color puede propagarse a través del espacio-tiempo de seis dimensiones o también puede viajar hacia adelante o hacia atrás a través del tiempo en su función de onda retardada o en su función de onda avanzada en las dimensiones físicas de la realidad. La función de onda y sus operadores de posición y momento están vinculados al sistema de coordenadas espaciales para describir la ubicación y el cambio de ubicación a lo largo del tiempo, lo que hace que la función de onda dependa en gran medida del fondo. Pero los operadores temporales de función de onda, según se dan en "Una Teoría Dinámica del Espacio-Tiempo", no están vinculados al sistema de las coordenadas espaciales, por lo que la función de la onda temporal es altamente independiente del fondo.

El Gravitón de Color viaja en la función de onda temporal retardada o avanzada a la velocidad de la luz. Por consiguiente, puede haber diferentes manifestaciones espaciotemporales que pueden existir en el fondo independiente del espacio-tiempo según se dijo anteriormente. Una teoría de la gravedad cuántica del bucle de color resuelve el enigma de la dependencia versus la independencia del fondo espaciotemporal para las partículas elementales o los sistemas de partículas. Describe la evolución cuántica de la geometría seis dimensional del espacio-tiempo.

Un gravitón de color que viaja en la onda retardada es un tipo de luxón, al igual que un gluón, un fotón y cualquier partícula con masa en reposo cero. Los taquiones son partículas con masa imaginaria en reposo. Un gravitón de color que viaja en la función de onda avanzada es un tipo de taquión. En la teoría de cuerdas de color, una teoría de la gravedad cuántica de bucle de color, el gravitón de color es un estado sin masa de una cuerda de color elemental. Se predice que el Gravitón de Color no tiene masa porque su fuerza gravitacional es de muy largo alcance y se propaga a la velocidad de la luz. Un gravitón de color es tanto una partícula virtual como una onda gravitacional. Un gravitón de color puede describirse como un volumen espaciotemporal contraído, mientras que un antigravitón de color puede describirse como un volumen espaciotemporal expandido con rotación o torsión opuesta dentro de su límite de partícula. Una onda gravitacional puede abarcar los gravitones de color dentro de su longitud de onda y frecuencia. Un gravitón de color es un poquito de gravitación que manifiesta el estado gravitacional cuántico de una masa relativista virtual.

§ 3. ¿Son el bosón escalar de Higgs y el campo de Higgs parte de la teoría de cuerdas de color?

El bosón de Higgs es una partícula elemental producida por la excitación cuántica del campo de Higgs según el Modelo Estándar de Gluón. El bosón escalar de Higgs es una partícula de masa sin carga eléctrica, con cero espín y sin carga de color. El bosón escalar de Higgs es muy inestable, y puede descomponerse en otras partículas cuánticas poco después. Por lo tanto, es de naturaleza cuántica, ya que se descompone en sus constituyentes que consisten en las partículas elementales. Entonces, la partícula de Higgs tiene una subestructura fundamental. ¿Es posible que el bosón escalar de Higgs tenga una subestructura de cadena de color? ¿Podría la densidad de la energía de las cadenas de color y los gravitones de color ser la fuente de la partícula de Higgs? ¿Podrían las partículas elementales intercambiar los gravitones de color de manera similar a la forma en que intercambian gluones? Es posible teorizar la subestructura para el bosón escalar de Higgs basada en las propiedades del gravitón de color, las cadenas de color y los gluones.

Es posible pensar en el mecanismo de Higgs como un campo de las plantas de bardana común, con semillas de bardana que se pegan, o autoestopistas, también conocidas como semillas de lampazo; una semilla o fruta seca que tiene ganchos o dientes, que se adhieren a la ropa de una persona o al pelaje de un animal muy fácilmente, mientras una persona o un animal camina por el campo. Además, cuanto más camina una persona o un animal por el campo, más semillas de bardana se enganchan, y mayor es la masa que gana una persona o un animal.

El mecanismo de Higgs fue propuesto por el eminente físico Peter Higgs en 1964 junto con los renombrados científicos Robert Brout y François Englert. El mecanismo de Brout-Englert-Higgs explicó por qué algunas partículas cuánticas adquieren masa, pero aún no explica cómo y por qué todas las partículas tienen masa. En ese momento, no había evidencia de una partícula o un campo de Higgs. Una partícula subatómica con las características de la partícula de Higgs fue descubierta en 2012 en el Gran Colisionador de Hadrones del CERN. La adquisición de masa de color es crucial para la generación de la propiedad de masa para todas las partículas y los sistemas de masa.

Sin embargo, el campo de Higgs es incoloro, es decir, no tiene una carga de color neta, pero el campo podría muy bien tener cargas de color que se compensen entre sí. De los constituyentes del gluón del campo de color emergen las masas de los quarks fundamentales, los leptones, y los bosones de calibre. Describamos el artefacto de carga de color para este proceso fundamental de adquisición de masa que abarca el mecanismo de Higgs.

El artefacto de carga de color es el proceso que genera la masa de aproximadamente el 99% de las partículas compuestas como los bariones, como los nucleones, a partir de los campos cuánticos de los gluones, la energía de unión de los gluones, de acuerdo con el Modelo Estándar de Gluones como se explicó anteriormente en "Una Teoría Dinámica del Espacio-Tiempo". (Nieves, 2020) Esta energía gluónica es la suma de las energías de los gluones sin masa que median la interacción fuerte dentro de los bariones y de las energías cinéticas de los quarks.

El artefacto de carga de color también dota la propiedad de la masa a las partículas cuánticas como una transferencia de energía potencial a las partículas del campo de Higgs a medida que las partículas se acoplan con el campo, o en términos simples, como las partículas de Higgs se enganchan a las partículas cuánticas. Se propone que el campo de Higgs contenga la propiedad de masa en forma de color o de energía de color de los gluones, los quarks y sus campos. También es importante mencionar que la velocidad relativista de una partícula masiva o sin masa también agregaría masa relativista a la masa en reposo de una partícula debido a su movimiento y las propiedades del medio espaciotemporal.

La energía de color del campo de Higgs también puede consistir en los gravitones de color que se unen con los gravitones anticolores para hacer largas cadenas de cargas de color, o polímeros de carga de color, a través de las fuerzas entrópicas, que construyen estructuras incoloras más masivas que se sienten atraídas o gravitan hacia las cargas de color de los hadrones, pero no se unen con ellas debido a su coloración, o la carga general de color débil de las estructuras largas de los gravitones de color, y las propiedades topológicas de los bucles de cadena de color.

Un hadrón es una partícula cuántica que incluye los mesones y los bariones, que participa en la interacción fuerte entre las cuerdas de color o los gluones. Un hadrón es una partícula compuesta hecha de dos o más quarks unidos entre sí por la fuerza fuerte del color. Por eso, el campo de Higgs es crucial en la generación de las masas de quarks, los leptones, los bosones de calibre $W^{\pm}$ y Z^0, a través del mecanismo de acoplamiento de Yukawa. Los bosones de calibre y el bosón escalar tienen suficiente energía para descomponerse; por consiguiente, cualquier partícula de espín cero se descompone en una partícula más ligera. Incluso se predice que el gravitón de color teórico se desintegra a dos partículas de espín–½ o dos partículas de espín–1.

3.1 La relación entre la geometría y el momento energético para el medio espaciotemporal de los gravitones de color.

¿Podrían los polímeros gravitónicos de color cambiar su geometría debido a un cambio en la entropía después de una transferencia de color?

La ecuación de Raychaudhuri demuestra cómo la gravitación puede ser atractiva en la Teoría General de la Relatividad. Esta demostración se realiza considerando un fibrado de geodésicas, y demostrando que la derivada temporal de la expansión espaciotemporal de un área $"\theta"$ es negativa bajo ciertas condiciones razonables. De este modo, el fibrado de geodésicas tiende a converger con el paso del tiempo, mientras que la curvatura espaciotemporal manifiesta una fuerza gravitacional atractiva. (Raychaudhuri, 1955)

En general, las ecuaciones de Raychaudhuri se refieren a la cinemática de los flujos. En particular, los valores de las ecuaciones de evolución indican las características a lo largo del flujo a través de un fondo espaciotemporal específico. Una de estas ecuaciones de evolución se conoce como la ecuación de expansión o la ecuación de Raychaudhuri. El parámetro $"\lambda"$ indica puntos a lo largo de las curvas de un flujo, para caracterizar el flujo con distintas funciones de $"\lambda"$. El gradiente del campo de velocidad del flujo tiene tres términos: la parte sin trazas, la parte simétrica y la parte antisimétrica. Estas partes del flujo son la expansión, el cizallamiento y la rotación. A continuación se muestra una ilustración de un área que encierra un conjunto de líneas de flujo.

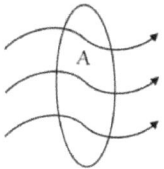

Figura 2. El Área Transversal que encierra un Fibrado o Congruencia de Geodésicas.

La Expansión Isotrópica   El Cizallamiento   La Rotación

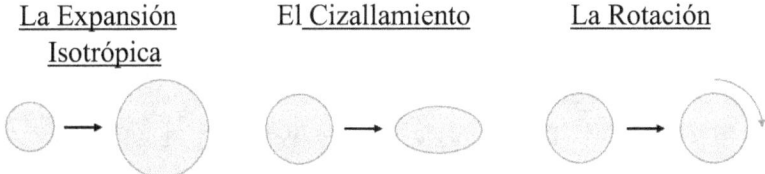

Áreas en $\lambda 1$ y en $\lambda 2$ Áreas en $\lambda 1$ y en $\lambda 2$ Áreas en $\lambda 1$ y en $\lambda 2$

Figura 3. Una Ilustración de la Expansión Isotrópica, el Cizallamiento y la Rotación de un Área Espaciotemporal.

La Transferencia de Calor ≡ El Transporte de Energía-Momento   (3.1)

$$\delta Q = -\kappa \int \lambda T_{\alpha\beta} k^\alpha k^\beta d\lambda \delta A \qquad (3.2)$$

$$\delta A = \int \theta d\lambda dA \qquad (3.3)$$

En la Relatividad General, la ecuación de Raychaudhuri describe el movimiento fundamental de las partículas o polímeros de masa que están cerca. La ecuación proporciona una prueba simple y general de que la gravitación debe ser atractiva en nuestro universo entre dos sistemas o polímeros ordinarios de masa-energía de acuerdo con la Teoría General de la Relatividad, y para el análisis de soluciones exactas en la Relatividad General. Además, la ecuación es un teorema intermedio esencial para los teoremas de singularidad de Penrose-Hawking.

De las investigaciones anteriores, un punto espaciotemporal es de dimensión cero, o matemáticamente igual a la magnitud de la raíz cuadrada de un vector ordinario. El efecto cuántico de un gravitón de color puede estar relacionado con esta estructura a escala infinitesimal del medio espaciotemporal y sus efectos gravitacionales cuánticos. El espacio-tiempo se curva significativamente alrededor de una fuente puntual espaciotemporal para manifestar un bucle de cadena de color. Por lo tanto, la tasa de expansión y la métrica espaciotemporal pueden ser un medio muy distintivo para los fibrados de geodésicas nulas que son similares al tiempo.

El flujo del fibrado de geodésicas nulas a través de una variedad espaciotemporal se describe mediante la ecuación de expansión que puede explicar la formación y el confinamiento de los bucles de cadenas de color, las combinaciones de carga de color y las singularidades espaciotemporales. La ecuación de expansión es de naturaleza puramente geométrica para explicar la variación de la entropía cinemática. Es el componente del tensor de Ricci de la ecuación de expansión que proporciona una conexión con la Teoría General de la Relatividad como una teoría gravitacional clásica.

El gradiente de las ecuaciones de Raychaudhuri caracteriza el campo de velocidad. El gradiente del campo de velocidad indica la trayectoria donde el campo cambia más. Si las ECEs se aplican como fondo geométrico, estas ecuaciones se convierten en un sistema acoplado de ecuaciones a las características de la expansión espaciotemporal, el cizallamiento y la rotación, con las condiciones iniciales especificadas, para el flujo geodésico nulo. En consecuencia, puede ser posible encontrar el campo de velocidad y su gradiente.

Desde el campo de la óptica, se ha demostrado que una red cáustica, o una cáustica, es la envoltura de rayos de luz refractados o reflejados por una superficie curva o un objeto, o la proyección de esa envoltura de rayos de luz sobre otra superficie.

El cáustico es una curva o superficie a la que cada uno de los rayos de luz es tangente, definiendo un límite de una envoltura de rayos de luz como una curva de luz concentrada. Por ejemplo, los bordes iluminados en la superficie de las olas del océano están hechos por cáusticos. Según las ECEs se aplican con suposiciones aceptables sobre el tensor de tensión-energía-momento, la ecuación de expansión puede describir cómo las congruencias geodésicas nulas convergen para formar cáusticas. Este resultado potencial se debe al hecho de que a medida que convergen las congruencias geodésicas nulas conducen a una gravitación atractiva. Es interesante señalar que bajo ciertas condiciones estos cáusticos pueden formar singularidades cosmológicas o agujeros negros. Una teoría de la gravedad cuántica como "Una Teoría Dinámica del Espacio-Tiempo" gestionaría estas posibles singularidades espaciotemporales.

Para encontrar la convergencia o la divergencia de las geodésicas nulas, tenemos,

$$\frac{d\theta}{d\lambda} = -\left(\frac{1}{n-1}\right)\theta^2 - \sigma^2 + \omega^2 - R_{\alpha\beta}k^\alpha k^\beta \qquad (3.4)$$

Por eso, la rotación "ω^2" desafía la convergencia, mientras que el cizallamiento la ayuda. La ecuación para la evolución de la rotación $\omega_{\alpha\beta}$, tiene una solución trivial dada por $\omega_{\alpha\beta} = 0$. El criterio de la convergencia se vuelve particularmente simple para tales congruencias ortogonales de hipersuperficies (con rotación cero): $R_{\alpha\beta}k^\alpha k^\beta \geq 0$. Esto lleva a lo que se conoce como un enfoque geodésico que transmite el concepto de que si la materia es atractiva, la geodésica nula debe eventualmente converger. Este concepto se demuestra a través del teorema de enfoque.

$$\therefore \delta A = -\int \lambda R_{\alpha\beta}k^\alpha k^\beta d\lambda \delta A \qquad (3.5)$$

Donde "σ^2" es una distancia geodésica, k^α y k^β son congruencias geodésicas nulas (un fibrado de curvas geodésicas nulas) que son similares al tiempo, de dos hiperplanos "α" y "β", ambos ortogonales a un vector unitario similar al tiempo $\vec{k}$, "θ" es el rastro del tensor de expansión $\theta_{\alpha\beta}$ de geodésicas nulas, $R_{\alpha\beta}$ es el tensor de Ricci, el término $\left(\pm R_{\alpha\beta}k^\alpha k^\beta\right)$ es una cantidad a veces llamada escalar de Raychaudhuri, o el rastro del tensor de oleada (el signo positivo es para las curvas similares al tiempo mientras que el signo negativo es para las curvas similares al espacio), "λ" denota los puntos de numeración de los parámetros en las curvas del flujo, "n" es el número de dimensiones espaciotemporales, y "A" es el área geométrica de la expansión, el cizallamiento o la rotación si corresponde.

Aparte, dado que la rotación desafía la convergencia, es posible hacer las preguntas retóricas: si el área espaciotemporal en el horizonte de eventos de un agujero negro supermasivo gira a la velocidad de la luz, ¿podría la rotación exceder la expansión y el cizallamiento en un fibrado de geodésicas nulas del horizonte de eventos? ¿Podría un universo girar de una manera que pudiera exceder la expansión y la cizalladura? ¿Convergería o divergiría tal universo? ¿Podría el eminente matemático Kurt Gödel haber tenido siempre razón? cuando preguntaba repetidamente: "¿Ya está girando el universo?"

¿Cuál es la relación entre la variación de la entropía, la densidad de la masa-energía y la variación de la curvatura espaciotemporal? ¿Es similar a la relación entre la densidad de la masa-energía de las ecuaciones de campo de Einstein y la geometría espaciotemporal?

$$R_{\alpha\beta}k^\alpha k^\beta = -\left(\frac{1}{n-1}\right)\theta^2 - \sigma^2 + \omega^2 - \frac{d\theta}{d\lambda} \qquad (3.6)$$

Aplicando las congruencias geodésicas nulas $k^\alpha k^\beta$ a las ECEs,

$$R_{\alpha\beta} - \left(\frac{1}{n-1}\right)Rg_{\alpha\beta} + \Lambda g_{\alpha\beta} = \frac{8\pi G}{c^4}T_{\alpha\beta} \qquad (3.7)$$

$$R_{\alpha\beta}k^\alpha k^\beta - \left(\frac{1}{n-1}\right)Rg_{\alpha\beta}k^\alpha k^\beta + \Lambda g_{\alpha\beta}k^\alpha k^\beta = \frac{8\pi G}{c^4}T_{\alpha\beta}k^\alpha k^\beta \qquad (3.8)$$

$$R_{\alpha\beta}k^{\alpha}k^{\beta} = \frac{8\pi G}{c^4}T_{\alpha\beta}k^{\alpha}k^{\beta} + \left(\frac{1}{n-1}\right)Rg_{\alpha\beta}k^{\alpha}k^{\beta} - \Lambda g_{\alpha\beta}k^{\alpha}k^{\beta} \quad (3.9)$$

Para un sistema o un polímero ordinario de masa-energía que es tangencial a un fibrado de geodésicas nulas a través del flujo, tenemos,

La Variación de la Entropía Cinemática ≡ ± (La Densidad de Masa-Energía
+ La Curvatura Espaciotemporal)

$$-\left(\frac{1}{n-1}\right)\theta^2 - \sigma^2 + \omega^2 - \frac{d\theta}{d\lambda} = \frac{8\pi G}{c^4}T_{\alpha\beta}k^{\alpha}k^{\beta}$$

$$+\left(\frac{1}{n-1}\right)Rg_{\alpha\beta}k^{\alpha}k^{\beta} - \Lambda g_{\alpha\beta}k^{\alpha}k^{\beta} \quad (3.10)$$

La entropía cinemática describe las cantidades características en el flujo de un sistema de partículas de masa-energía a lo largo de un fibrado de geodésicas nulas que pueden converger o divergir, dadas por la variación en la suma del tensor tensión-energía-momento, la curvatura espaciotemporal y el término de la constante cosmológica. La ecuación de variación anterior plantea la pregunta retórica, ¿esta contribución a la entropía cinemática también compensaría la masa fermiónica faltante?

¿Qué es el multiplicador de *"n"* dimensiones de la constante gravitacional de Einstein?

Describamos la fracción $1/(n-1)$ para una variedad de *"n"* dimensiones en la constante gravitacional de Einstein de sus ecuaciones de campo, donde la *"n"* representa el número de dimensiones espaciotemporales. En un medio espaciotemporal de seis dimensiones, *"n"* sería igual a 6. En las ecuaciones de campo de Einstein, la fracción de *"n"* dimensiones multiplica la constante gravitacional de Einstein *"κ"* que es igual a $8\pi G/c^4$. Si $n = 6$, la fracción de *"n"* dimensiones es igual a ⅕.

Un punto espaciotemporal en el medio *P(x, y, z)* tiene dos ondas espaciotemporales opuestas a lo largo de cada dimensión espaciotemporal, una de las ondas es la onda retardada y la otra es la onda avanzada.

Para un punto espaciotemporal de seis dimensiones hay (3) dimensiones espaciales y (3) dimensiones temporales en un formalismo de (3 + 3). Cada dimensión tiene dos direcciones. La onda retardada viaja en una dirección y la onda avanzada viaja en la otra dirección de esa dimensión.

Cada dirección axial tiene componentes espaciotemporales, un componente espacial de un eje espacial y un componente temporal paralelo en cuadratura con el eje espacial de otra dimensión ortogonal. Por lo tanto, cada dimensión espacial tiene una dimensión temporal conjugada y ortogonal en el espacio-tiempo. Cada dimensión tiene dimensiones espaciales y temporales a lo largo de sus direcciones. Sin embargo, estas dimensiones se extienden a lo largo de esas direcciones, no están plegadas como en el caso de los ECEs originales. El tiempo no es lineal. En consecuencia, $n = 6$ con un formalismo (3 + 3), pero no $n = 4$, como en el caso de las dimensiones temporales plegadas para el tiempo lineal con un formalismo (3 + 1) como se explicó anteriormente. (Nieves, 2020)

Consideremos un punto espaciotemporal en un campo gravitacional muy cercano a un cuerpo celeste, como un planeta. Una de las dimensiones que pasa a través del punto está en la dirección radial hacia el centro del planeta. Llamemos a eso la dirección hacia adentro y a lo largo de esa dimensión la dirección del campo gravitacional hacia adentro, o la dirección del eje "$-y$" en un sistema de coordenadas Cartesianas, que produce la aceleración negativa del campo gravitacional en el planeta. Todas las demás direcciones dimensionales se orientan hacia afuera del planeta, u opuestas a cualquier campo contra gravitacional cosmológico potencial. A partir de las investigaciones anteriores, se planteó la hipótesis de que habría una aceleración gravitacional cosmológica que está representada por el tensor cosmológico de Weyl, C_{abcd}, y su curvatura cosmológica asociada, contrarrestando la curvatura local del espacio-tiempo representada por el tensor de curvatura de Riemann, R_{abcd}, la parte local semi-sin rastro, E_{abcd}, (que contiene el tensor de curvatura de Ricci) y la parte escalar local, S_{abcd}.

Por consiguiente, todos los componentes de las fuerzas gravitacionales positivas en el punto *P* que están orientadas hacia afuera están actuando sobre la variedad de "*n*" dimensiones producida por la curvatura espaciotemporal local menos la curvatura cosmológica hacia afuera del punto, excepto la fuerza gravitacional negativa compuesta y hacia adentro del punto y hacia el centro del planeta. Si los componentes de todas las fuerzas direccionales en el hemisferio exterior del punto se proyectan en los cinco ejes +*x*, +*y*, +*z*, −*x*, −*z*, la fuerza resultante actuaría contra la curvatura cosmológica. Estas cinco direcciones axiales contribuyen a una fuerza contra gravitacional compuesta, no a una fuerza anti-gravitacional, debido a la expansión espaciotemporal en el punto *P*. Si la fuerza contra gravitacional que actúa sobre la variedad de "*n*" dimensiones se divide por igual entre las cinco direcciones axiales, el resultado sería una magnitud fraccionaria de "*n*" dimensiones de fuerza por la densidad de energía. (Nieves, 2021)

$$\text{La Presión} \equiv \text{La Densidad de Energía} \qquad (3.11)$$

Si *n* = 4, entonces, las ecuaciones de campo de Einstein aún entregarán una cantidad correcta de densidad de energía para el caso del tiempo de tres dimensiones plegadas, pero la cantidad de presión estaría sesgada, lo que puede conducir a una falta de masa o a una especulación para las otras formas desconocidas de energía. Sin embargo, si *n* = 6, la fracción de "*n*" dimensiones de ⅕ se utiliza para sólo una quinta parte de la curvatura espaciotemporal para la cantidad de la densidad de energía en las ECEs de seis dimensiones. Es interesante notar que el formalismo de la fuente de energía en el tensor de tensión-energía-momento de seis dimensiones es $(3\rho + 3p)$. Esta comprensión puede conducir a una mejor evaluación de la masa faltante que existe en nuestro universo.

3.2 La termodinámica oculta del gravitón y su onda gravitacional

La teoría de las ondas gravitacionales es una teoría de variables ocultas que tiene realismo, porque sus conceptos existen independientemente del observador, y también tiene determinismo. Las posiciones de los gravitones se consideran las variables ocultas. (de Broglie, 1927)

Una acción, en física, describe cómo un sistema físico cambia con el tiempo. En consecuencia, las ecuaciones de movimiento se pueden derivar a través de los principios de menor acción. Para un solo gravitón que se mueve con una velocidad específica, la acción del gravitón es su momento multiplicado por la distancia total recorrida a lo largo de su trayectoria, o el doble de su energía cinética multiplicada por el período temporal para el cual el gravitón tiene la misma cantidad de energía. Para los sistemas complejos, se suman todas estas cantidades.

La entropía es la propiedad termodinámica de una sustancia en equilibrio fonónico, o una medida del número de posibles estados fonónicos de un sistema termodinámico en equilibrio térmico. La entropía es una consecuencia del paso del tiempo y la expansión del espacio-tiempo. La entropía *(S)* es una medida del equilibrio de la energía en un sistema termodinámico. La entropía es una medida de cambios inesperados que tienden a promediar, o suavizar, las diferencias en la temperatura, la presión, la densidad y el potencial químico que pueden existir en un sistema termodinámico. La entropía y la entalpía son proporcionales entre sí. Un cambio en la entalpía *(H)* es proporcional a un cambio en la entropía por unidad de temperatura absoluta.

La entropía es una construcción derivada de la entalpía. Por lo tanto, la entalpía es realmente el verdadero atributo físico del sistema; es decir, un cambio en el estado energético del sistema. La entalpía es la energía intrínseca. El trabajo que es capaz de hacer el sistema termodinámico está directamente relacionado con la entalpía del sistema. Por consiguiente, el cambio de entropía del sistema termodinámico es equivalente al cambio de entalpía del sistema por unidad de temperatura absoluta, $\partial S = \partial H / T$. Como consecuencia, la teoría de las ondas gravitacionales devuelve el principio de incertidumbre a distancias alrededor de los extremos de acción, las distancias correspondientes a las reducciones en la entropía o la entalpía.

La termodinámica oculta de los gravitones aislados se basa en los principios de menor acción a través del espacio o el tiempo y los principios de Carnot para las eficiencias de transferencia de calor de un ciclo termodinámico.

La acción de un gravitón se convierte en la inversa de la entropía o la entalpía, a través de una ecuación como:

$$\frac{Acción}{h} = -\frac{Entropía}{k_B} \equiv -\frac{Entalpía}{m_k v_k^2} \quad (3.12)$$

$$Acción \cdot m_k v_k^2 \equiv -Entalpía \cdot h \quad (3.13)$$

donde "k_B" es la constante de Boltzmann, igual a 1.38065×10^{-23} J/K, "h" es la constante de Planck, igual a $6.62607004 \times 10^{-34}$ $(K_g \cdot m^2)/s$, y la energía está representada por la energía de un gravitón, $m_k v_k^2$.

En el concepto de Broglie-Bohm de la mecánica cuántica, las ondas vacías pueden existir como las funciones de onda que se propagan en el espacio-tiempo, pero no transportan un momento o una energía, y no están asociadas con una partícula o un sistema de partículas. (Selleri et Alia, 1990) (Bohm, 1952)

3.3 La Ecuación de Klein-Gordon para una Teoría Efectiva de Campo del Gravitón de Color.

La ecuación de Klein-Gordon puede considerarse una de las ecuaciones más fundamentales de la teoría cuántica de campos de gravedad, y una ecuación para el movimiento de un pión, o un campo pseudo escalar libre o dispersión infinitesimal de un gravitón de color, de una masa que posiblemente no desaparece "m" en una variedad Lorentziana en un medio espaciotemporal posiblemente curvo. La linealización de las ECEs indica que las pequeñas perturbaciones de la métrica, o las ondas gravitacionales dispersivas, obedecen a una ecuación de tipo Klein-Gordon, ya que las ondas se propagan a la velocidad de la luz.

Se espera que un gravitón de color tenga una masa infinitesimal, ~ 1.944×10^{-60} Kg. En consecuencia, los movimientos de los gravitones de color pueden generar energía cinética. Por lo tanto, tienen energía y masa, obedecen a la ley de conservación de la energía y la materia, y explican el fenómeno de la fuerza gravitacional a distancia hasta cierto punto. Otras partículas tienen masa y son mucho más grandes que el gravitón de color, pero mucho menos numerosas, y no manifiestan los efectos gravitacionales que generan la curvatura espacial. Si el gravitón de color tiene masa, su interacción cuántica está a una distancia cuántica de la masa, pero la gravitación clásica obedece al cuadrado inverso a distancias clásicas, sin disminuir más rápido con la distancia, dependiendo de las masas de los gravitones de color que median la fuerza gravitacional cerca de una masa, si el sistema se trata como un sistema clásico de masa. Los gravitones de color no son el único mecanismo gravitacional, ya que la gravitación también puede ser generada por la geometría espaciotemporal alrededor de un sistema de masa. El gravitón de color puede decaer a dos partículas de espín–½ o dos partículas de espín–1.

Por eso, la detección de un gravitón de color sigue siendo crucial para la validación de una teoría de gravedad cuántica y su investigación que intenta acoplar la teoría de cuerdas de color y la mecánica cuántica. El carácter extremadamente débil de la interacción gravitacional hace que la detección de un gravitón de color sea una tarea extremadamente difícil de demostrar que el bosón gravitacional media la fuerza gravitacional. No obstante, existe una mayor esperanza y probabilidad de que se detecten polímeros de gravitones de color a medida que avanza la tecnología.

Usando la ecuación de Klein-Gordon, podemos obtener la masa del gravitón de color, en términos de la longitud de la cadena de color infinitesimal "ℓ_s", que se puede definir como

$$m_{\substack{\text{gravitón} \\ \text{de color}}} \equiv \frac{\hbar}{c} \sqrt{\frac{2}{3} \left(\frac{1}{\ell_s} \right)^2} \qquad (3.14)$$

La ecuación de Klein-Gordon es una ecuación relativista con falta de homogeneidad para una teoría de campo efectiva de la gravitación. Las teorías de campo efectivas han encontrado uso en la Relatividad General, ya que simplifican los cálculos, para permitir el tratamiento de los efectos de la radiación gravitacional, en particular en el cálculo de la firma de ondas gravitacionales de objetos de tamaño finito en espiral hacia adentro.

Una teoría de campos efectiva es un tipo de aproximación, para una teoría fundamental de la realidad física, como la teoría del gravitón de color como un modelo de teoría cuántica de campo. Una teoría efectiva del campo gravitónico de color incluye los grados relevantes de libertad para describir el fenómeno gravitacional a escala cuántica, sin tener en cuenta la subestructura y los grados de libertad a distancias infinitesimales o a energías más altas.

La ecuación de Klein-Gordon de seis dimensiones es una ecuación diferencial parcial lineal homogénea de segundo orden con coeficientes constantes de la siguiente manera:

La ecuación de Klein-Gordon de cuatro dimensiones,

$$\left(\frac{\partial^2}{\partial x^2}+\frac{\partial^2}{\partial y^2}+\frac{\partial^2}{\partial z^2}-\frac{1}{c^2}\frac{\partial^2}{\partial t^2}-\mu^2\right)\phi=0 \qquad (3.15)$$

La ecuación de Klein-Gordon de seis dimensiones,

$$\left(\frac{\partial^2}{\partial x^2}+\frac{\partial^2}{\partial y^2}+\frac{\partial^2}{\partial z^2}-\frac{1}{c^2}\frac{\partial^2}{\partial t_x^2}-\frac{1}{c^2}\frac{\partial^2}{\partial t_y^2}-\frac{1}{c^2}\frac{\partial^2}{\partial t_z^2}-\mu^2\right)\phi=0 \qquad (3.16)$$

donde $\phi(x, t)$ es una función pseudo escalar, que puede ser compleja en el caso general, "m_o" es la masa en reposo de la partícula, y "μ^2" es la curvatura espaciotemporal dada por $\mu = m_o c/\hbar$, la recíproca de una distancia espacial.

La ecuación de Klein-Gordon puede describir partículas pseudo escalares neutras cuando "ϕ" es una función real o puede describir partículas pseudo escalares cargadas cuando "ϕ^*" es una función compleja.

Si "ϕ^*" es una función compleja, tenemos,

$$\left(\frac{\partial^2}{\partial x^2}+\frac{\partial^2}{\partial y^2}+\frac{\partial^2}{\partial z^2}-\frac{1}{c^2}\frac{\partial^2}{\partial t_x^2}-\frac{1}{c^2}\frac{\partial^2}{\partial t_y^2}-\frac{1}{c^2}\frac{\partial^2}{\partial t_z^2}-\mu^2\right)\phi^*=0 \qquad (3.17)$$

La interacción de una partícula pseudo escalar, como un gravitón de color, con un campo electromagnético puede describirse mediante el reemplazo mínimo de $\partial/\partial x^i$ para $(\partial/\partial x^i) - ieA_i/\hbar$.

$$\left(\left[\frac{\partial^2}{\partial x^2} - \frac{ieA_x}{\hbar}\right] + \left[\frac{\partial^2}{\partial y^2} - \frac{ieA_y}{\hbar}\right] + \left[\frac{\partial^2}{\partial z^2} - \frac{ieA_z}{\hbar}\right] - \frac{1}{c^2}\left[\frac{\partial^2}{\partial t_x^2} + \frac{\partial^2}{\partial t_y^2} + \frac{\partial^2}{\partial t_z^2}\right] - \mu^2\right)\phi = 0 \quad (3.18)$$

Para partículas de cualquier espín, incluyendo un bosón de espín-2, cada componente de la función de onda de la partícula satisface la ecuación de Klein-Gordon, pero sólo para el caso de la partícula de Higgs, con un espín de "0", la función es invariante con respecto al grupo de Lorentz-Poincaré. Según este grupo, el cuatro momento de una partícula dada sería invariante, y así fue como se formuló el concepto de las simetrías espaciotemporales internas de las partículas relativistas.

La ecuación de Klein-Gordon también se puede derivar reemplazando variables para el momento "p" de la partícula y para la energía "E" de la Teoría Especial de la Relatividad, por operadores,

$$\frac{1}{c^2}E^2 - p_x^2 - p_y^2 - p_z^2 = m_0^2 c^2 \quad (3.19)$$

$$E \to -\frac{\hbar}{i}\frac{\partial}{\partial t} \quad (3.20)$$

$$p_r \to \frac{\hbar}{i}\frac{\partial}{\partial r} \quad (3.21)$$

Las soluciones fundamentales o los propagadores de la ecuación de Klein Gordon se encuentran a lo largo de las teorías cuánticas de campo para perturbaciones relativistas. Las ecuaciones de movimiento de un fibrado vectorial de campo contienen la estructura de la ecuación de Klein-Gordon, como lo hacen para los campos escalares más simples. La ecuación de Klein-Gordon es la ecuación diferencial sobre funciones lisas como $\phi: X \to \mathbb{R}$ sobre una variedad pseudo Riemanniana de un medio espaciotemporal (X, g) con un número real $m \in \mathbb{R}_{\geq 0}$, que se puede escribir como

$$\left(\Box_g - \left(\frac{m_0 c}{\hbar}\right)^2\right)\phi = 0 \qquad (3.22)$$

Esta ecuación de movimiento del campo escalar libre en X, de masa "m_0", está en un fondo de campo gravitacional como se incorpora en la métrica "g", donde "$m_0 c/\hbar$" es para el propósito de la teoría de ecuaciones diferenciales parciales puras, solo un número real para una distancia espacial, el operador de onda "$\Box_g$" en el medio espaciotemporal (X, g) es el análogo del operador de Laplace en la geometría Lorentziana, y "m_0" es la masa de la longitud inversa de onda Compton.

El espacio-tiempo de Minkowski de un medio espaciotemporal como $(X, g) = \mathbb{R}^{p,1}$ se prepara con sus funciones canónicas $x^0 = ct$ y $\{x^i\}_{i=1}^{p}$, ejemplifica la ecuación de Klein-Gordon y el tensor métrico de seis dimensiones del espacio de Minkowski de seis dimensiones, "$\eta^{\mu\nu}$" dado por

$$\left(\eta^{\mu\nu} \frac{\partial}{\partial x^\mu} \frac{\partial}{\partial x^\nu} - \left(\frac{m_0 c}{\hbar}\right)^2\right)\phi = 0 \qquad (3.23)$$

Por consiguiente, tenemos,

$$\left(-\sum_{i=1}^{E} \frac{1}{c} \frac{\partial}{\partial t^i} \frac{\partial}{\partial t^i} + \sum_{i=1}^{p} \frac{\partial}{\partial x^i} \frac{\partial}{\partial x^i} - \left(\frac{m_0 c}{\hbar}\right)^2\right)\phi = 0 \qquad (3.24)$$

¿Cómo se relaciona la ecuación de Klein-Gordon de seis dimensiones con la ecuación de Schrödinger?

Teóricamente, la ecuación de Klein Gordon de seis dimensiones toma como argumento un campo espaciotemporal, mientras que la ecuación de Schrödinger toma como argumento una función de onda en el espacio de fases. Ocasionalmente, según se considera cuidadosamente una partícula relativista, la ecuación de Schrödinger de seis dimensiones puede ser refinada, de una manera relativista, en una ecuación de Klein-Gordon de seis dimensiones. El estado de un sistema físico se especifica mediante las coordenadas de cada uno de los ejes de un espacio multidimensional o un espacio de fases. Cada punto único en el espacio de fases tiene un posible estado correspondiente. Todos los estados posibles de un sistema se representan en un espacio de fases de acuerdo con la teoría dinámica de sistemas.

§ 4. El campo de una Carga de Color.

El Modelo Estándar de Gluones incluye un campo de carga de color para dotar a las partículas de sus masas y romper sus simetrías electrodébiles. El campo de carga de color cala el medio espaciotemporal y puede romper las leyes de simetría de la interacción electrodébil haciendo que los bosones $W^\pm$ y Z^0 ganen masa a través del artefacto de campo de color a temperaturas inferiores a una temperatura extremadamente alta. A medida que los bosones de fuerza electrodébil ganan masa, estos bosones se limitan a viajar a través de distancias muy cortas, como se muestra empíricamente. El campo de carga de color es el mecanismo principal para dotar de masa a las partículas elementales y a las partículas compuestas. Este campo de carga de color es un campo escalar que tiene un valor constante distinto de cero en el vacío espaciotemporal.

Se propone que el campo de carga de color puede considerarse el campo de energía de punto cero del vacío espaciotemporal. Después del Big Bang, este campo de energía de punto cero le dio al universo muy temprano una simetría que era muy suave, de energía extremadamente alta, uniforme e indistinta. Es posible teorizar que las rupturas consecutivas de simetría en las transiciones de fase de nuestro universo pueden haber permitido el surgimiento de nuestras cuatro fuerzas actuales de la naturaleza y sus campos relacionados. Aunque, el campo de energía actual de punto cero es muy bajo, la energía esperada del campo de la cargas de color, la supersimetría de color, bajo la teoría de las cuerdas de color, sería de una magnitud similar. Según se discutió anteriormente, la teoría de cuerdas de color proporciona una solución potencial al problema de la constante cosmológica, o la catástrofe del vacío, que es la varianza entre el valor grande teórico de energía de punto cero sugerido por la teoría de campos cuánticos actual y los valores observados de densidad de energía de vacío, el pequeño valor positivo que no es cero de la constante cosmológica, que está estrechamente relacionado con la masa fermiónica faltante.

4.1 El obstáculo crucial no confirmado.

A medida que la tecnología se desarrolla, se revelaría la evidencia empírica de que el campo de carga de color existe y se acopla al campo de Higgs, ya que las predicciones de una teoría pueden llevar a los investigadores a creer que la teoría es correcta o incorrecta en función de sus premisas. Una premisa es una declaración de que un argumento afirma que inducirá o justificará una conclusión; en este caso la conclusión es la veracidad de la Teoría de Cuerdas de Color y su Supersimetría de Color relacionada. Además, la conclusión afirmativa indicaría que el Modelo Estándar de Gluones es correcto y fundamental para la física de partículas.

Es posible afirmar que los científicos aún no han encontrado una manera de determinar si el campo gravitónico de color existe, porque la tecnología necesaria para su detección aún no se ha construido, pero eso podría cambiar a medida que la tecnología se desarrolle rápidamente. Si el gravitón de color existe, entonces el campo de gravitón de color también debe existir como un campo fundamental, y el Modelo Estándar de Gluones es correcto y genuinamente fundamental. Por lo tanto, debe haber una búsqueda activa y amplia del gravitón de color para probar su existencia, ya que la existencia del gravitón de color sigue siendo una parte crucial no confirmada del Modelo Estándar de Gluones.

4.2 La búsqueda de la detección del gravitón de color.

A pesar de que el gravitón de color puede existir en todas partes en el medio espaciotemporal, encontrar un gravitón de color o un polímero de gravitones de color es todo un desafío. Tan pronto como exista una técnica para detectar una perturbación, un estado potencial, o una excitación, que puede manifestarse por un gravitón de color, o por unos gravitones de color, con el requisito de energía correcto para producir unos gravitones de color, y el equipo extremadamente sensible para detectarlos, habría una manera en principio de encontrar la evidencia empírica. Los colisionadores de partículas, los detectores y las supercomputadoras están expandiendo sus capacidades muy rápidamente para desarrollar el equipo y las técnicas para lograr esta tarea.

Los investigadores de instalaciones de aceleradores de partículas en todo el mundo han estado estudiando los quarks, los gluones, los protones y los neutrones dentro del núcleo con microscopios gigantes y potentes, que permiten a los científicos ver cosas un millón de veces más pequeñas que un átomo. Esta visión sin precedentes de los bloques de construcción básicos de la materia ordinaria y sus interacciones permite a los investigadores obtener una visión más profunda de las partículas y sus fuerzas en nuestra realidad física. Sería solo cuestión de tiempo para que estas instalaciones avanzadas creen los gravitones de color y otras partículas para observación y estudio.

El descubrimiento del gravitón de color sería la quinta partícula portadora de fuerza que se descubriría en la naturaleza. Se predice que el gravitón de color es un portador de fuerza de espín-2 porque la fuente de gravitación es el tensor de tensión-energía-momento. El gravitón de color media la gravedad, mientras que el bosón de Higgs no lo hace. El Higgs da a las partículas una masa en reposo, pero no es la única fuente de masa en reposo. El gravitón de color tendría que ser confirmado empíricamente para comportarse, interactuar y decaer según lo predicho por el Modelo Estándar de Gluones, además de tener los atributos fundamentales anteriores de un portador de fuerza. Entonces, ¿emite el bosón de Higgs los gravitones de color? La gravitación del color se acopla con la materia, incluido el campo de Higgs a nivel cuántico porque el campo de Higgs es un campo de masa, por lo que el campo de gravitación de color se acopla al campo de Higgs de la misma manera que se acopla a otros bosones de calibre, a las partículas elementales o los sistemas de masa, a través de la radiación gravitacional de los gravitones de color. Por ejemplo, como momento angular intrínseco o espín.

De hecho, *es posible postular que cualquier fuente de masa o energía puede ser una fuente de gravitación en ausencia de otras fuerzas*, ya que esa fuente obedece a la ley de inercia para seguir un camino geodésico determinado por el campo gravitacional que puede estar presente. La radiación gravitacional cuántica de los gravitones de color en el límite de energía cuántica no modificará el postulado anterior. El campo de Higgs y la ruptura de la simetría pueden dar o aumentar el atributo de masa de las partículas elementales, incluida la capacidad de producir una mayor radiación gravitacional cuántica en cierta medida debido a la expansión o la contracción espaciotemporal, o a través de la gravitación clásica. Aunque, se predice que la masa adicional del campo de Higgs será de aproximadamente el uno por ciento. El otro noventa y nueve por ciento se atribuye al contenido de masa-energía de la fuerza fuerte del Modelo Estándar de Gluón, no relacionado con el bosón escalar de Higgs.

Si y cuando se confirma la existencia teórica del gravitón de color, el concepto del campo de gravitón de color puede ser fuertemente apoyado. La presencia del campo gravitónico de color explicaría, no el bosón escalar de Higgs, por qué y cómo media la gravedad entre partículas elementales. La existencia del campo gravitónico también explicaría por qué el rango muy largo de fuerza gravitacional de cada masa, o del sistema de masas, en todas las direcciones espaciotemporales, pero con la fuerza gravitacional reduciéndose rápidamente con la distancia.

§ 5. La Teoría del Gravitón de Color

¿Qué es un gravitón de color?

No se sabe si una masa podría emitir los gravitones de color; el gravitón de color es un bosón virtual que transporta la fuerza gravitacional y sus efectos de campo entre las masas. La gravedad cuántica está relacionada con un gravitón de color. En la teoría cuántica de campos, el gravitón de color no tiene masa, tiene un espín de 2, y se mueve a casi la velocidad de la luz de un fotón. Esto se debe a que la fuente de gravitación es el tensor tensión-energía-momento, un tensor de segundo rango.

Aparte, un tensor es un objeto algebraico que representa una función multilineal de valor real en cada uno de sus argumentos, con una entrada o varias entradas que producen una salida en un sistema de coordenadas. El rango del tensor es el número de entradas del tensor para producir su salida. Un tensor, como un vector, puede ser invariante bajo las transformaciones del sistema de coordenadas. Un tensor puede representar un vector o una matriz de *n*-dimensiones que representa todos los tipos de datos idénticos. El elemento de una matriz de dimensión cero es un punto espaciotemporal o un escalar.

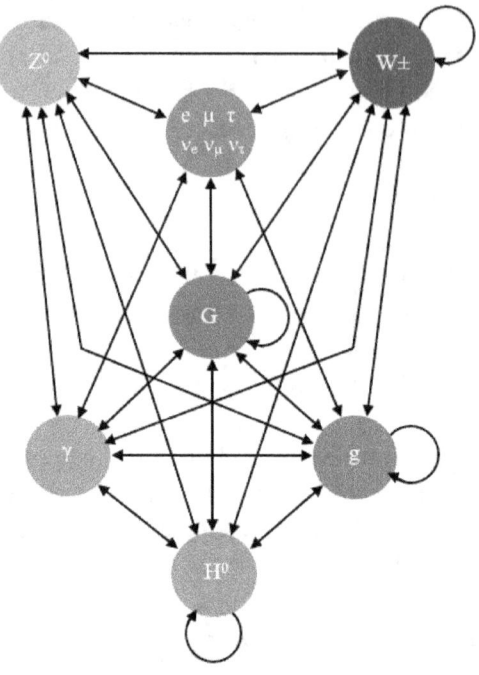

Figura 4. Un Diagrama que ilustra las Interacciones entre el Gravitón y las Partículas Fundamentales en el Modelo Estándar de Gluones.

¿Cómo se relaciona el gravitón de color con la gravedad?

El gravitón de color puede definirse como un cuanto no lineal de radiación gravitacional. La Teoría del Gravitón del Color es una teoría cuántica del campo de gravedad. La masa de una partícula, o un sistema de partículas, crea un campo cuántico a través de los gravitones de color. Es posible cuantificar la Teoría del Gravitón de Color observando las oscilaciones alrededor del fondo del campo gravitónico de color con las soluciones probables a las ecuaciones clásicas de movimiento, que son las soluciones de acción extrema que gobiernan el integral de trayectoria.

En consecuencia, cuando una partícula se acelera, su masa emite radiación gravitacional para transmitir causalmente la información de su movimiento al resto de las masas que constituyen el campo gravitacional. Si esta radiación gravitacional proviene de una fuente cuántica, se puede cuantificar como una emisión de los gravitones reales de color, que transportan la energía real y los momentos lineales y angulares. Por consiguiente, un gravitón de color es un cuanto de radiación gravitacional. El gravitón de color puede expresarse como un espinor gravitacional.

Un gravitón de color transporta una cantidad discreta de energía y una masa gravitacional asociada. La energía potencial gravitacional de color consiste en cantidades discretas, o cuantos, de los gravitones de color que son convertibles hacia o desde los cuantos de luz, o los cuantos de energía electromagnética como los fotones.

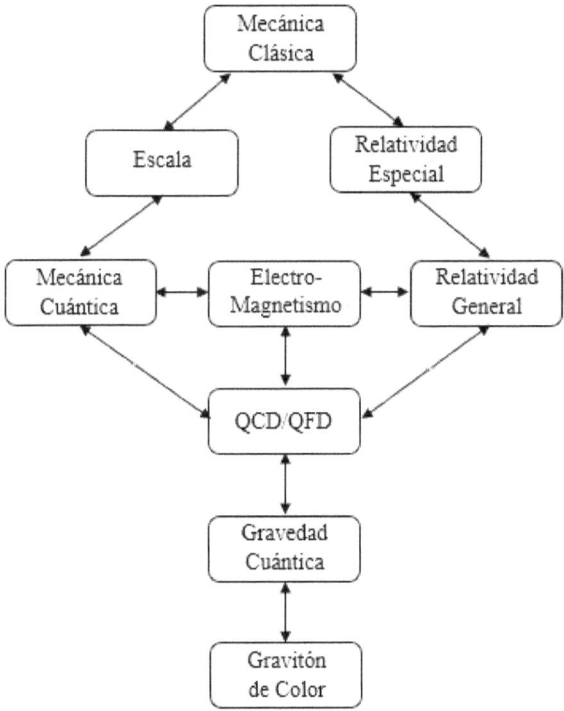

Figura 5. Un Diagrama de las Teorías Clásicas y Cuánticas Actuales.

El cuanto de radiación gravitacional de un gravitón de color se definió como

$$g_s \equiv \pm m'_s \omega_s^2 \ell_s^2 \tag{5.1}$$

Donde "$\pm \omega_s$" es la frecuencia angular intrínseca, "m'_s" es la masa relativista, y "ℓ_s" es la longitud de una cadena de color. El gravitón de color que viaja en la onda espaciotemporal retardada es un luxón relativista.

Definamos la constante de Planck de un gravitón de color de la siguiente manera:

$$\hbar_s \equiv \frac{m_s \ell_s^2}{t_s} \tag{5.2}$$

Donde $t_s = \ell_s/c$ es un período temporal característico para una cadena de color donde "ℓ_s" es una longitud característica aproximada para una cadena de color igual a 10^{-35} m, "m_s" es la masa infinitesimal de una cadena de color, "ℓ_s" es la longitud de una cadena de color, y "$\hbar_s$" es aproximadamente igual a 5.827965384 × 10^{-87} $(Kg \cdot m^2)/s$.

Por eso, un cuanto de radiación gravitacional de un gravitón de color también puede definirse como

$$g_s \equiv \pm \hbar_s \omega_s \tag{5.3}$$

Según la Teoría de Cuerdas del Color, la gravitación de color es un mecanismo de intercambio entre las masas de un sistema. Si la interacción entre el núcleo de un átomo de hidrógeno aislado y su electrón, un gravitón de color puede viajar hacia el núcleo como otro gravitón de color puede viajar al electrón, ambos gravitones de color atraen cada masa hacia el otro por un cuanto correspondiente de radiación gravitacional. Sin embargo, se teoriza que las ondas gravitacionales de los gravitones de color interfieren constructiva o destructivamente en el fondo espaciotemporal, y una onda gravitacional resultante puede o no emerger. Entonces, en este caso aislado, el núcleo y el electrón pueden verse afectados por la radiación gravitacional resultante.

¿Pueden los gravitones de color escapar del horizonte de sucesos de un agujero negro supermasivo?

Los gravitones de color son bosones de calibre gravitacional sin masa, como los fotones. Los gravitones de color o fotones siguen caminos geodésicos nulos. Por consiguiente, ni los gravitones ni los fotones pueden escapar del horizonte de eventos de un agujero negro supermasivo. En consecuencia, el hecho de que la radiación gravitacional de un agujero negro supermasivo pueda detectarse incluso cuando los gravitones de color no pueden escapar del horizonte de eventos de un agujero negro supermasivo explica que un campo gravitacional cuántico de color no es único, y que las ondas gravitacionales pueden irradiarse de varias maneras utilizando diferentes mecanismos para crear una perturbación o una onda espaciotemporal. Si el gravitón de color fuera la única forma de mediar la gravedad, la observación anterior no sería correcta. Sin embargo, el gravitón de color es un mecanismo gravitacional cuántico para la teoría de cuerdas de color. Se conoce muy bien que la gravitación de un cuerpo celeste no es lineal, y de las investigaciones anteriores, se ha teorizado que las ondas gravitacionales se irradian en un medio espaciotemporal de seis dimensiones.

En consecuencia, el gravitón de color, como un bosón de calibre, puede describir un cuanto de radiación gravitacional no lineal según una teoría cuántica de campo de gravedad como la teoría del gravitón de color. Las ondas gravitacionales pueden definir la radiación gravitacional en un campo de gravedad cuántica con unos momentos angulares intrínsecos (los espines) y una energía sin ninguna participación directa de las cargas de color. Por lo tanto, las ondas gravitacionales no tienen que interactuar con la materia que encuentran a medida que se propagan a través del medio espaciotemporal. Pero a medida que se propagan a través de la materia, o cerca de una masa o un sistema de masas, pueden interferir constructiva o destructivamente, con la radiación gravitacional del movimiento cinético de las partículas de materia o con la radiación gravitacional del gravitón de color. La interferencia gravitacional cuántica con las partículas constituyentes de la materia presenta una perturbación gravitacional cuántica dentro de la materia.

Por consiguiente, es razonable teorizar que los gravitones de color pueden tener un momento angular intrínseco y una energía como un bucle de cadena de color, un polímero de carga de color, o un par de cargas de color, que puede interactuar con los constituyentes de la materia a escala cuántica. Los investigadores en la Mecánica Cuántica pueden encontrar que el espín es bastante misterioso. El espín en la mecánica cuántica está asociado a los cuatro tipos principales de simetría: la traslación, la rotación, la reflexión (el espejo) y la reflexión de deslizamiento. Por eso, la siguiente explicación de un gravitón de color con espín-2 es una metáfora y solo una ayuda visual. Imaginemos un sistema de coordenadas cartesianas con el eje $+z$ hacia arriba, el eje $+x$ a la derecha y el eje $+y$ que hacia fuera de la página. Una partícula de espín-2 va a moverse en sólo dos ejes, el eje $+z$ y el eje $+x$, mientras que el eje $+y$ es el eje de giro.

El Gravitón de Color es un bosón de espín-2 con dos ejes de simetría, la simetría de reflexión y noventa grados de antisimetría. Si el gravitón de color gira a un ángulo recto, intercambia su eje $+z$ y su eje $+x$, por lo que el eje $+z$ mantiene el movimiento en el sentido de las agujas del reloj y el eje $+x$ cambia a un movimiento en sentido contrario a las agujas del reloj, invirtiendo la orientación. Dos interacciones rotacionales del gravitón de color con un espín-2 no son cero, pero son simétricas. En consecuencia, si el plano z-x se voltea sobre el sistema del gravitón de color regresa a las mismas interacciones de espín-rotación. El Gravitón de Color tendría las mismas interacciones de rotación de espín en cada una rotación de 180^0, 360^0, 540^0 y 720^0.

En consecuencia, si el gravitón de color se mueve en el sentido de las agujas del reloj alrededor del eje $+z$ y el eje $+x$, y luego se mueve 180^0 en el sentido de las agujas del reloj alrededor del eje $+y$ perpendicular a una posición invertida, el lado que mira hacia abajo alrededor del eje $+z$ se movería en sentido contrario a las agujas del reloj. Además, las rotaciones en el sentido de las agujas del reloj del eje $+z$ y el eje $+x$ se invertirían, al tiempo que invertirían ambos ejes, ya que el gravitón de color vuelve a su estado original de las interacciones de espín-rotación.

Figura 6. Una Ilustración del Espín 2 de un Bosón de Calibre a su Estado Original.

Así, esta interacción cuántica puede ser en forma de un momento angular intrínseco, una energía o una interferencia de onda, con la inclusión de la interacción de carga de color, una especie de interacción cuántica cromogravitónica. A medida que los gravitones de color giran, generan radiación gravitacional que puede compensar los campos gravitacionales externos hasta cierto punto, a través de un efecto contra gravitacional.

En consecuencia, el gravitón de color puede considerarse un bosón de calibre, o una onda de partícula cuántica para la gravitación, o un portador de fuerza del Modelo Estándar de Gluones que tiene una longitud de onda Compton larga predicha de $\sim 1.6 \times 10^{16}$ *metros*, una frecuencia muy pequeña de hasta 1 *KHz* máximo y un rango de campo muy largo. A diferencia de otros campos gravitacionales, el campo gravitónico de color puede interactuar o influir en otras formas de onda, como las formas de las ondas electromagnéticas. Aparte, en general, se espera que las ondas gravitacionales tengan frecuencias de 10^{-16} *Hz* $< f < 10^4$ *Hz*, mientras que las ondas gravitacionales afectan a la luz, toda la luz en presencia de un campo gravitacional puede doblarse o cambiar su frecuencia. Imaginemos que dos gravitones libres de color que se mueven muy rápido mientras giran en espiral hacia adentro o hacia afuera, muy lentamente alrededor de un punto común en un campo de carga de color, mientras que no pueden unirse entre sí, pueden desarrollar unas ondas gravitacionales cuánticas, o unas ondas espaciotemporales que se mueven hacia afuera o hacia adentro, y pueden interferir con otras ondas espaciotemporales a su alrededor, mientras que el medio espaciotemporal central alrededor del punto se expande o se contrae independientemente del espacio-tiempo más allá de la órbita en espiral de los gravitones de color. Un fenómeno físico similar ocurre en la gran escala de la astrofísica clásica, un sistema estelar binario pierde momento angular a medida que las dos estrellas en órbita giran en espiral una hacia la otra, el momento angular es irradiado por las ondas gravitacionales.

El movimiento en espiral hacia adentro o hacia afuera de los gravitones de color depende de la fuerza de carga de color atractiva o repulsiva entre las partículas a medida que se acercan entre sí. La topología de bucle cerrado de los gravitones de color puede evitar la unión entre las partículas y proporciona un tiempo viable para que la rotación del par emane un campo gravitacional significativo que manifiesta las propiedades emergentes de la Relatividad General del espacio-tiempo. Por lo tanto, es posible teorizar que cada una de estas ondas gravitacionales es un instante de lo que puede considerarse un cuanto de radiación gravitacional de un par de gravitones de color, "g_1g_2". Esta imagen del gravitón es una perturbación espaciotemporal del medio por dos bosones de calibre. Entonces, en este caso, el par de gravitones de color tendría todas las propiedades de las ondas gravitacionales cuánticas.

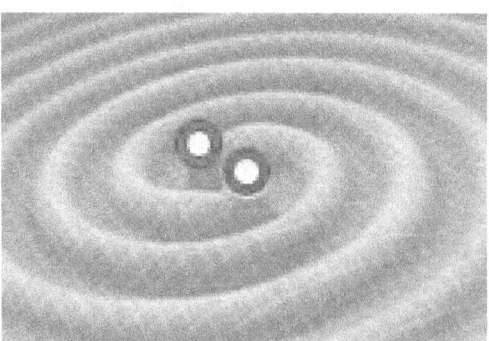

Figura 7. Dos Gravitones de Color en Espiral en el Medio Espaciotemporal.

¿Podría el gravitón de color considerarse una manifestación de una onda de partícula? Porque si ese es el caso, la gravitación puede ser cuantizada como una partícula y una onda. Se teoriza que un espinor gravitacional es un instante de momento gravitacional angular cuantizado o un espín que puede formularse como un tejido espaciotemporal entrelazado donde la Relatividad General emerge como una teoría clásica. No obstante, la aparición de un campo gravitacional a partir de la expansión o la contracción del espacio-tiempo en cualquier punto espaciotemporal arbitrario a partir de la interferencia constructiva o destructiva de las ondas gravitacionales, o alrededor de un cuerpo de masa, no implica un momento gravitacional angular o un espín, ya que una partícula o un par de partículas pueden no estar necesariamente involucradas. En consecuencia, hay más de una forma de que la gravitación emerja en nuestro universo. Las ondas gravitacionales pueden expandirse, contraerse, girar o ser estáticas, dependiendo de la fuente gravitacional o el sumidero, y otras perturbaciones espaciotemporales que pueden estar presentes en el medio espaciotemporal.

Nuestra comprensión familiar de la gravedad, que es que la gravedad es una fuerza atractiva, no es completa. La gravedad puede ser atractiva o repulsiva, contra gravitacional (una interferencia destructiva) o pro gravitacional (una interferencia constructiva), pero no simplemente gravitacional, a pesar de que esa es la forma en que normalmente pensamos en ella por razones obvias.

§ 6. El Gravitón Cosmológico.

El gravitón cosmológico "g_Λ" puede definirse como cuantos lineales de radiación gravitacional entre dos puntos espaciotemporales arbitrarios del medio. Sería ventajoso definir el gravitón o el anti-gravitón cosmológico en los términos de las unidades de Planck.

$$g_\Lambda \equiv \pm m'_\Lambda \omega_P^2 \ell_P^2 \qquad (6.1)$$

Donde "ℓ_P" es la longitud de onda de Planck resultante del gravitón cosmológico, "ω_P" es la frecuencia de Planck del gravitón cosmológico, que es igual a $\omega_P = 1/t_P$, y "m'_Λ" es la masa relativista.

Las ondas gravitacionales son capaces de transportar a la energía y a los momentos y, al hacerlo, los alejan de la fuente. El gravitón cosmológico sería un bosón con un espín 2 sin masa debido a su fuerza gravitacional que parece tener un alcance ilimitado. Un campo de bosón de espín 2 sin masa daría lugar a una fuerza gravitacional, porque el campo debe interactuar con, o emparejarse con, el tensor de tensión-energía-momento de la misma manera que lo hace otro campo gravitacional. El gravitón cosmológico tiene el potencial de unir la teoría cuántica con la gravedad.

El gravitón cosmológico es una onda de partícula virtual con una masa virtual relativista dada por

$$(m'_\Lambda)^2 c^4 \equiv E_G^2 - p^2 c^2 \tag{6.2}$$

$$m'_\Lambda \equiv \sqrt{\frac{E_G^2 - p^2 c^2}{c^4}} \tag{6.3}$$

Si hay una diferencia en la energía y los momentos del gravitón cosmológico, cuando la frecuencia angular se conserva y la frecuencia lineal aumenta durante la compresión de su longitud de onda, el gravitón cosmológico ganaría una masa relativista o una masa virtual. A medida que el gravitón cosmológico virtual gana una masa relativista, la curvatura espaciotemporal sobre el gravitón aumenta.

La masa en reposo "m_0" del gravitón cosmológico, situada muy cerca del horizonte de sucesos de un agujero negro debido a la dilatación del tiempo, en los términos de una constante cosmológica infinitesimal "Λ", puede definirse como

$$m_0 \equiv \frac{\hbar}{c}\sqrt{\frac{2}{3}\Lambda} \tag{6.4}$$

Consideremos el siguiente postulado (El Postulado de Eddington): Cada punto en el espacio-tiempo se expande libremente en todas las direcciones a menos que se obstruya. Podemos plantear la hipótesis de que este postulado es apoyado por el Principio de Huygens. (Nieves, 2020)

Cada punto en un frente de onda espaciotemporal local en el espaciotiempo homogéneo e isótropo puede ser considerada una fuente de ondas espaciotemporales esféricas secundarias que se propagan en dirección exterior a la velocidad del tiempo (o de la luz). El nuevo frente de la onda espaciotemporal es la superficie tangencial a todas, o de todas, las ondas espaciotemporales secundarias.

El principio de que cualquier punto en un frente de una onda espaciotemporal puede considerarse como la fuente de otras ondas espaciotemporales y que la superficie que es tangente a las ondas espaciotemporales secundarias, el envolvente de la onda, se puede utilizar para determinar la posición futura de los frentes de las ondas espaciotemporales apoya el Postulado de Eddington.

Si consideramos una línea extendida de puntos espacio-temporales, la onda espaciotemporal resultante consistirá en un número infinito de puntos espacio-temporales y puede considerarse como la generación del frente de una onda espaciotemporal plana.
Si una localidad espaciotemporal es isotrópica y homogénea, permitiendo que el tiempo se expanda con la misma velocidad independientemente de su dirección de propagación, el envolvente espaciotemporal que es tridimensional del espacio-tiempo de un punto será esférico.

Los puntos espaciotemporales complejos e interactuantes

Además de investigaciones anteriores, la aparición de la geometría clásica puede comenzar con el entrelazamiento cuántico entre puntos adyacentes en el medio espaciotemporal. A medida que una variedad espacial se expande, se contrae o permanece estática, el entrelazamiento cuántico entre puntos adyacentes puede aumentar, disminuir, o permanecer igual. Esta es la base de la termodinámica espaciotemporal. El entrelazamiento cuántico entre puntos es el marco de causalidad, o causa y efecto, entre eventos en la realidad física.

Existe un punto arbitrario en el espacio en la realidad física del medio espaciotemporal que puede expresarse como un número real. Un punto real o complejo dota a uno o más puntos reales o complejos que son adyacentes y entrelazados. Es posible sugerir que, dado que el espaciotiempo es complejo, un punto espaciotemporal puede estar representado por un número real, imaginario, o complejo. Un punto imaginario (temporal) puede preceder a su punto espacial (real), dependiendo de la dirección de la flecha del tiempo. Todos los puntos espaciales que existen que están incrustados en una variedad pueden considerarse como reales, o como los puntos reales de fuente, los puntos precedentes en una variedad se pudieran considerar imaginarios, y los puntos descendientes también pudieran considerarse imaginarios. Los puntos que están en un estado de red pueden estar interactuando en un espacio-tiempo de seis dimensiones fundamental y emergente que subyace a las leyes de conservación aplicables.

El entrelazamiento entre puntos adyacentes puede representarse como redes causales que existen en nuestro universo. Si dos puntos interactúan, son adyacentes o están relacionados temporalmente. Entonces, si dos puntos que interactúan son adyacentes, la matriz de adyacencia es $A_{ij} = 1$, y si no lo son, $A_{ij} = 0$. Dos puntos de interacción futuros pueden o no ser adyacentes, 1 o 0. Por lo tanto, el entrelazamiento puntual puede considerarse un bit cuántico, $A_{ij} = \{1, 0, X\}$, como el estado $|\psi\rangle = \alpha|0\rangle + \beta|1\rangle$. La propiedad cuántica del entrelazamiento puede conducir a través del análisis de redes al marco subyacente de un fondo espaciotemporal emergente y fundamental, para describir el surgimiento y la evolución de la geometría clásica.

Es posible teorizar que los números complejos entrelazados pueden representar puntos complejos en tres capas adyacentes de superficies espaciotemporales que serían del pasado, presente, o futuro, en un sistema de coordenadas de seis dimensiones con una dimensión espaciotemporal que pasa a través del origen del sistema de coordenadas de cada capa. El operador "$+i$" puede ser utilizado para ir de un punto presente real a un punto imaginario futuro o del punto imaginario en el pasado a un punto presente que es real. El operador "$-i$" podría utilizarse en la dirección opuesta. El flujo espacial del pasado al futuro puede ser opuesto al flujo temporal del futuro al pasado en la misma localidad espaciotemporal como se teorizó anteriormente en "Una Teoría Dinámica del Espacio-Tiempo". A medida que el espacio o el tiempo se expanden o se contraen a través de una dimensión, seguirían la dirección retardada o avanzada de la función de onda en un punto arbitrario.

El análisis de números complejos puede ser una herramienta eficaz para demostrar el desplazamiento de los puntos espaciotemporales durante la expansión o la contracción del medio a medida que pasa el tiempo. El flujo de la interacción entre puntos puede ser bidireccional y multidimensional en el espacio-tiempo. Por lo tanto, es posible sugerir que los puntos u objetos que pueden ser no locales o separados en el espacio, pueden ser locales en el tiempo. Un proceso estocástico de Broglie que subyace a la mecánica cuántica puede explicar cómo una partícula saltaría de un punto en una onda espaciotemporal a un punto en otra. (de Broglie, 1967)

A partir de las investigaciones anteriores, el principio de superposición de las ondas espaciotemporales se puede afirmar de la siguiente manera:

Cuando dos ondas espaciotemporales interfieren, el desplazamiento resultante del espacio-tiempo en cualquier localidad es la suma algebraica del desplazamiento de las ondas espaciotemporales individuales en la misma localidad del espacio-tiempo. (Nieves, 2020)

Por ejemplo, si dos ondas espaciotemporales tienen un desplazamiento en la misma dirección en cualquier localidad a lo largo de una distancia espaciotemporal, se producirá una interferencia constructiva entre las ondas espaciotemporales y se produciría un antigravitón de color $-g_\Lambda$. Si dos ondas espaciotemporales tienen un desplazamiento en la dirección opuesta en cualquier localidad a lo largo de una distancia espaciotemporal, se producirá una interferencia destructiva entre las ondas espaciotemporales y se produciría un gravitón de color $+g_\Lambda$.

Por lo cual, el gravitón cosmológico "$\pm g_\Lambda$" está directamente relacionado con la expansión o la contracción espaciotemporal del medio de nuestra realidad física.

¿Cómo funciona el mecanismo de intercambio de los gravitones de color?

Se han detectado las ondas gravitacionales, así que ¿también exhiben la dualidad de partícula-onda? ¿Cuándo se detectará el gravitón? Se sabe que los fotones exhiben la dualidad de partícula-onda y las propiedades cuánticas. ¿exhibirá también el gravitón las propiedades de onda de las partículas? ¿Existe una partícula predicha como el gravitón en la radiación gravitacional que se distribuye en cuantos?

Hasta ahora, hemos discutido tres mecanismos gravitacionales teorizados que pudieran existir en nuestra realidad física, es decir, la gravitación clásica debido a la geometría espaciotemporal generada por la divergencia o la convergencia espaciotemporal, la radiación gravitacional por un sistema de masa, y el gravitón cosmológico. El intercambio gravitónico de color sería un cuarto mecanismo gravitacional que pudiéramos discutir, sin que ello implique que no habría ningún otro mecanismo gravitacional que se encuentre en nuestra realidad física.

La Teoría General de la Relatividad describió la gravitación como la curvatura del medio espaciotemporal, pero los investigadores han buscado durante mucho tiempo una teoría de la gravedad cuántica y un bosón de calibre para la gravitación como el gravitón de color. Se teoriza que a pesar de que el gravitón de color aún no se ha detectado, las partículas mediadoras para la gravitación deambulan por el reino cuántico en masa, y su propiedad intrínseca e interacción da lugar a la fuerza gravitacional clásica. Esta expectativa duradera sobre una gravedad cuantizada debe tener sentido matemático bajo un examen minucioso, después de hacer cálculos precisos sobre las posibles interacciones gravitónicas que no resulten en unas respuestas que se acerquen a valores infinitos.

Con respecto al mecanismo de intercambio del gravitón de color, describamos una definición del gravitón de color. El gravitón de color no es necesariamente esférico, ya que eso es un concepto tradicional o típico para una partícula elemental, sino que es un bucle gravitacional cuántico que consiste en una cadena de color.

Los gravitones de color están alrededor de una masa o un sistema de masas en capas de densidad que representan las capas de la contracción de las dimensiones espaciales y la expansión de las dimensiones temporales. Los gravitones de color existen en las ondas gravitacionales que irradian desde una partícula de masa o un sistema de partículas. Por eso, un gravitón de color puede considerarse una onda y una partícula.

El gravitón de color lleva su fuerza de color y gravitación única debido a su masa infinitesimal, y es adhesivo a otros gravitones de color a los que se siente atraído por su propia fuerza de color. Por lo tanto, a medida que los gravitones se pegan entre sí, no se unen, pero pueden formar polímeros de gravitones que tienen una masa mayor con un espín diferente que un espín de 2. Los gravitones se pueden intercambiar entre las masas como radiación gravitacional o como partículas gravitónicas que interactúan con las propiedades de las masas y sus campos gravitacionales. Por consiguiente, el gravitón tiene su campo gravitacional cuántico e inherente y también puede ser parte de la radiación gravitacional más fuerte de un campo de partículas o el campo de un sistema de partículas.

Esta visión del gravitón de color como polizón gravitacional, o un cabalgador gravitacional clandestino, proporciona un concepto de onda de partícula para la gravedad cuantizada donde la onda es un portador espaciotemporal de la misma manera que lo es para un fotón según se propone en "Una Teoría Dinámica del Espacio-Tiempo". (Nieves, 2020) Cada punto espaciotemporal se expande o se contrae en todas las direcciones, permitiendo la radiación gravitacional y el intercambio de los gravitones entre los objetos de masa durante la expansión espaciotemporal.

¿Se podrían detectar los gravitones?

Después de la declaración de que se detectaron unas ondas gravitacionales, hay un interés renovado sobre la existencia de los gravitones. Existe una correspondencia análoga entre los fotones y las ondas electromagnéticas, y los gravitones y las ondas gravitacionales, que ha intrigado a los investigadores de la fuerza de gravitación. Tanto la existencia del fotón como del gravitón se han deducido antes de su detección real.

Dado que los experimentos con la luz de baja intensidad fueron efectivos para detectar fotones, ¿existen experimentos con las ondas gravitacionales de baja intensidad que podrían ser efectivos para detectar los gravitones?

Se espera que los gravitones surjan si la gravitación se cuantiza fundamentalmente en nuestra realidad física. Se espera que el gravitón genere fluctuaciones cuánticas a medida que su medio espaciotemporal se expande o se contrae.

Algunas de las propiedades de las ondas gravitacionales son

- Las ondas gravitacionales se expanden y se contraen en las direcciones ortogonales a medida que viajan a través del medio espaciotemporal mientras exhiben las propiedades de onda.

- Las ondas gravitacionales interfieren constructiva o destructivamente con otras ondas gravitacionales o con las perturbaciones espaciotemporales en su medio.

- Las ondas gravitacionales transportan cuantos medibles de energía que podrían ser detectados.

- Las longitudes de onda de las ondas gravitacionales se extienden o contraen, perdiendo o ganando energía, a medida que viajan a través de su medio espaciotemporal en expansión o contracción.

- Las ondas gravitacionales se propagan a una velocidad específica que es ligeramente menor que la velocidad de la luz, aproximadamente en no más de una parte en 9.85252×10^{14} o $\sim 10^{15}$.

Consideremos una analogía aproximada pero útil con los gravitones y sus ondas gravitacionales para la visualización que involucra las olas del océano y un número extremadamente grande de salvavidas con forma de anillo que están inflados, que flotan libremente en la superficie del agua, ya que cada salvavida orbita alrededor de un punto arbitrario en las olas del océano.

Los salvavidas se acercan entre sí a medida que orbitan o viajan, pero podrían rebotar entre sí, ayudando a las acciones de las olas como un marco que se expande o contrae continuamente.

Cada salvavidas también se movería hacia arriba y hacia abajo, hacia adelante y hacia atrás, a lo largo de la superficie ondulada del agua, ya que las moléculas que componen el agua pueden moverse de manera similar.

Un marco de gravitones que se mueven alrededor de sus caminos circulares puede parecer que están creando una visión a gran escala de unas ondas gravitacionales.

Del mismo modo, los salvavidas individuales que se mueven en un orden distinto pueden crear ondas de salvavidas a gran escala que se asemejan a las olas del océano, y las ondas gravitacionales que fuesen medibles se teorizan que consisten en unas partículas cuánticas distintivas, como serían los gravitones, que pudieran producir los patrones de onda que ayudarían a una onda gravitacional fundamental.

Los gravitones de color pueden ayudar a la ondulación espaciotemporal entre los nodos de fuente espaciotemporal si orbitan alrededor de un punto espaciotemporal arbitrario de expansión o contracción, ya que atraen o repelen los gravitones de color adyacentes que también orbitan, para crear y seguir las características de una onda de radiación gravitacional en todas las direcciones espaciotemporales.

Este mecanismo de onda autosostenido puede servir como un propagador de largo alcance, o un impulsor de una onda gravitónica, así como una subestructura de red para el refuerzo de las ondas gravitacionales a través del medio espaciotemporal como los gravitones de color que se embarcan clandestinamente en las ondas emitidas por una partícula de masa o un sistema de partículas.

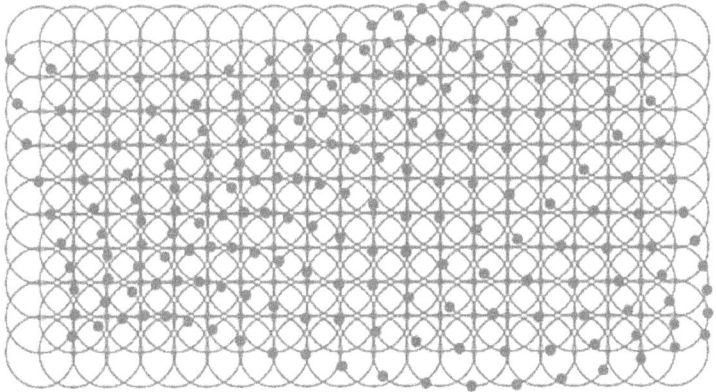

Figura 8. Una Ilustración de una Forma de Onda Discreta.

El gravitón de color, un bosón de calibre, se teoriza que tiene una masa infinitesimal inherente y una carga de color, como otros bosones de calibre, como el Z^0 o $W^{\pm}$, para las interacciones débiles que tienen masa, y en el caso del bosón $W^{\pm}$, tiene carga electromagnética. Por consiguiente, la masa infinitesimal inherente del gravitón de color no ha sido excluida por los cálculos precisos que se han hecho. La búsqueda para diseñar un detector de gravitón eficaz, que evite el enorme diseño de un acelerador circular de partículas, es crucial para detectar los gravitones.

Los posibles efectos cuánticos de los gravitones:

- Cada masa gravitónica puede tener su firma de partícula. ¿Podrían detectarse las firmas de los gravitones a la distancia más corta de una escala cuántica donde el campo gravitacional sería más fuerte y el efecto cuántico de los gravitones es más pronunciado? Por ejemplo, puede ser posible llevar a cabo un experimento virtual tan cerca de dos singularidades desnudas en el momento exacto en que se están fusionando, o dos singularidades de agujeros negros que se están fusionando, en un fondo espaciotemporal simulado por computadora donde los fenómenos inherentes a la gravitación cuántica pueden surgir en unos marcos de tiempo muy rápidos. Además, podría ser posible utilizar múltiples interferómetros y pulsos láser de muy alta frecuencia ($\sim 10^{-18}\ s$) disponibles para detectar las firmas de gravitones.

- Los gravitones pueden tener una frecuencia orbital y una longitud de onda inherentes. ¿Qué frecuencia y longitud de onda de los gravitones reproducen los efectos cuánticos en una onda gravitacional fundamental?

- Una masa gravitónica viaja más lentamente que la luz, mientras que la radiación gravitacional puede viajar a la velocidad de la luz. ¿Qué armónicos en la señal registrada de una onda gravitacional fundamental tienen una velocidad más lenta que la luz por un factor no mayor que una parte en 10^{15}? ¿Podría un análisis de frecuencia lineal de Fourier revelar las velocidades de estos armónicos?

- Los gravitones pueden tener las ondas armónicas cuánticas inherentes. ¿Podría detectarse la amplitud de la onda armónica cuántica de un gravitón?

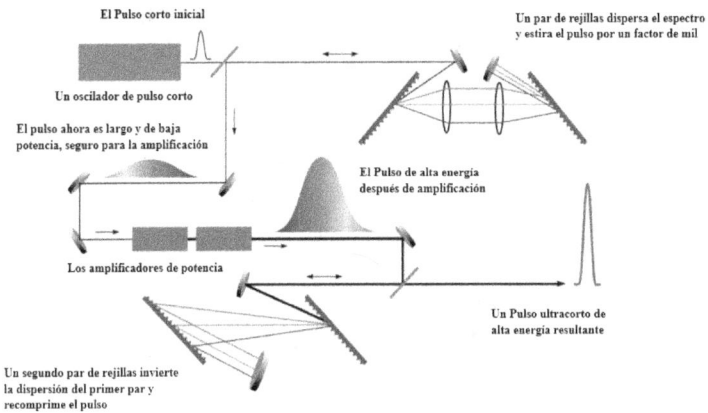

Figura 9. La Amplificación de Pulso Gorjeado. (Lawrence, 1995)

Un pulso láser ultracorto puede ser amplificado por una técnica de amplificación de pulso gorjeado hasta el nivel de petavatio con un pulso láser que primero se extiende, luego se amplifica y se contrae nuevamente tanto espectral como temporalmente a través del aparato. Los diferentes componentes de color del pulso láser ultracorto viajarían a diferentes distancias. La técnica de amplificación de pulso gorjeado puede ser utilizada por los láseres más potentes de la actualidad.

La mayoría de las firmas que se pueden detectar que demostrarían si hubiera gravitación cuántica no necesariamente revelarían la existencia de los gravitones. Sin embargo, si se detectaran los modos B según se predijo, eso inferiría que había gravitación cuántica inherente, aunque tampoco detectaría la presencia de los gravitones. Los modos B son un patrón de luz polarizada que se origina en la inflación del Big Bang. Del mismo modo, un experimento de doble rendija que involucra electrones para detectar si su gravitación pasó a través de una rendija, o a través de ambas rendijas, y si hubiera gravitación cuántica, aún no detectaría directamente la presencia de los gravitones.

Sin embargo, hay otras firmas potenciales que pueden revelar la existencia de los gravitones. Por ejemplo, si hubiera partículas que estuvieran en una superposición de estado cuántico que dependieran de los niveles de auto energía gravitacional, podría ser posible detectar si hubo gravitación cuántica. O si los fotones de varias longitudes de onda que pasan a través de un cristal hicieron que el cristal se moviera en pasos en lugar de continuamente, así se podría inferir que puede haber espacio cuantizado.

La búsqueda de detectar directamente los gravitones conduciría a un gran logro que requiere una tecnología avanzada para el experimento correcto. Los fotones, las ondas gravitacionales y los gluones, viajan a la velocidad de la luz, para transportar la interacción electromagnética, gravitacional y nuclear fuerte. Si el gravitón existe como una partícula con una masa distinta de cero, entonces no sería un luxón y sería medible.

Es posible plantear la hipótesis de que, dado que se han detectado las ondas gravitacionales a partir de una señal que provenía de una fusión de agujeros negros, la existencia del gravitón se vuelve más segura, ya que la Relatividad General mantiene su validez en el límite de campo débil de la gravitación. Por eso, a medida que las perturbaciones en la métrica espaciotemporal se propagan como las ondas gravitacionales, la existencia de los gravitones está implícita en la Mecánica Cuántica. La detección de un gravitón sería una materia diferente si un gravitón interactúa débilmente con la materia según la teoría actual.

Una estrategia diferente para encontrar un gravitón sería observar el fondo cósmico de microondas porque los gravitones oscilarían con las longitudes de onda muy cortas que tienen unas fluctuaciones agudas. De acuerdo con el modelo cosmológico de la inflación, estas longitudes de onda muy cortas se habrían extendido en mayor medida a través del cosmos. Por lo tanto, la gravitación cuántica debe ser observable como los remolinos en la alineación o en la polarización de los fotones en el fondo cósmico de microondas. Sin embargo, los modos "B" de estos intensos remolinos dependen del tiempo y la energía de la inflación cósmica. La medición de los modos "B" puede proporcionar las propiedades que concuerdan con la actual teoría inflacionaria cósmica que sería una evidencia fuerte de la existencia de la gravitación cuántica.

Por consiguiente, al buscar directamente las fluctuaciones agudas en las ondas gravitacionales que se cree que consisten en los gravitones del universo inicial, puede ser posible encontrar la gravitación cuántica. Un observatorio de ondas gravitacionales, o una antena espacial con un interferómetro de láser, en el espacio, que tiene equipos muy sensibles para detectar las ondas gravitacionales oscilantes, puede hacer el trabajo.

§ 7. *La Vibración de una Onda Gravitacional Cuántica.*

Una onda gravitacional es una onda espacial que ondula a través del medio espaciotemporal que puede o no dotar más espacio ya que cada punto espaciotemporal en la onda puede expandirse, contraerse o ser estático. La onda gravitacional puede considerarse la onda piloto de los gravitones y de otras partículas de masa, de las partículas sin masa o de las partículas virtuales. (de Broglie, 1927, y Bohm, 1952)

La ecuación guía para la velocidad de fase de los gravitones en órbita alrededor de un punto arbitrario de curvatura sin espín, en la superficie de una onda gravitacional, las velocidades de fase de los gravitones en órbita están dadas por

$$\frac{d\rho_k}{dt}(t) = v_k r_k \operatorname{Re}\left(\frac{\nabla_k \phi}{\phi}\right)(\rho_1,...\rho_N, t) \qquad (7.1)$$

Para un gravitón en órbita, la velocidad de fase se puede escribir como

$$v_k = \frac{2\pi\lambda_k}{T_k} \qquad (7.2)$$

Donde $"T_k"$ es el período, $"\rho_k"$ es la posición de un gravitón, y $"\lambda_k"$ es la longitud de onda de la velocidad de fase, v_k. La velocidad del área de cualquier órbita es constante, un reflejo de la conservación del momento angular, pero no de la velocidad de fase del marco de expansión y contracción a lo largo de la trayectoria de la onda gravitacional.

Donde las variaciones de las velocidades de fase $"v_k"$ corresponden a las posiciones de un número $"N"$ de gravitones en órbita, mientras que "ϕ" representa una función de valor real en la onda gravitacional espacial. En el caso de una onda gravitacional espacial, la influencia de todos esos gravitones en órbita puede ser envuelto en una función efectiva de onda marco para un subsistema del medio espaciotemporal. Los gravitones transportan la fuerza gravitacional de una manera similar a cómo los fotones transportan la fuerza electromagnética. Las ondas gravitacionales se consideran una colección de gravitones, de la misma manera que una colección de fotones se visualiza como los rayos de luz. Por lo tanto, una colección de gravitones puede transformar una onda gravitacional.

A medida que una onda gravitacional pasa a través de un detector de ondas gravitacionales, la distancia entre los sensores finales del detector que se comportan como si fueran dos masas, se extenderá o contraerá, ya que la onda modula la distancia entre los extremos. Dado que los gravitones teóricamente cabalgan sobre las ondas gravitacionales, que actúan como las ondas piloto para los gravitones, cuando los sensores detectores, o sus masas, absorben o emiten los gravitones, las masas se agitan aleatoriamente como un ruido de gravitones. Cuanto más fuerte es la onda, mayor es el movimiento, y más directa puede ser la detección. Dependiendo de cómo se produzca una onda gravitacional, la onda gravitacional puede tener diferentes estados cuánticos. Generalmente, una onda gravitacional se genera en un estado coherente. Una vibración en el medio espaciotemporal. Un detector gravitacional debe estar sintonizado con las ondas gravitacionales habituales que pueden emitirse por las colisiones celestes en espiral entre las estrellas pesadas de neutrones o entre los agujeros negros supermasivos.

A medida que el campo de ondas gravitacionales de una fuente de marea cambia con el tiempo, esos cambios se propagan desde la fuente gravitacional a la velocidad de la luz "c". Estos campos cambiantes de ondas gravitacionales de marea constituyen radiación gravitacional. Si los cambios son continuos u oscilatorios, se convierten en ondas gravitacionales. La amplitud de la señal gravitacional, o la tensión "h" sin dimensiones, de la señal gravitacional para un par binario de estrellas de neutrones en espiral. Por lo tanto, la deformación "h" se da en radianes cuadrados, demarcando la envoltura espaciotemporal de la onda gravitacional.

Por lo tanto, "h" es el doble del cambio fraccional en la gravitación sobre un desplazamiento entre dos masas cercanas debido a la onda gravitacional, $h = 2\iint \frac{\Delta g}{d} dt^2$. Este cambio en el desplazamiento ocurre en el plano transversal a la dirección de la radiación gravitacional, y causa una expansión a lo largo de un eje y una contracción a lo largo del eje ortogonal. La distorsión espaciotemporal neta es el doble que una expansión o una contracción sola, que es la razón del factor de 2 en las ecuaciones para "h". Dos veces el cambio en el desplazamiento "Δd" sobre el desplazamiento "d". Sin embargo, la tensión del tirón "h" no es directamente observable. Una constante "h", o una "h" que varía linealmente con el tiempo, es exactamente equivalente a comenzar las masas con una pequeña velocidad relativa o en unas posiciones marginalmente diferentes. La radiación gravitacional sólo sería demostrada por una derivada segunda, o superior, de "h".

$$h \approx \frac{4\pi^2 GM (R_1 \cdot R_2)^2 f_{orb}^2}{c^4 r} \quad (7.3)$$

$$\sqrt{h} \approx 2\pi \left(\frac{v^2}{c^2}\right) \quad (7.4)$$

Donde "v/c" es la relación entre las velocidades de las masas en el sistema y la velocidad de la luz "c", que probablemente sería mucho menor que "1", "R_χ" representa el radio de cada estrella de neutrones, y "r" es la distancia entre las estrellas de neutrones. Las unidades de "h" están en radianes al cuadrado, y las unidades de "$\sqrt{h}$" están en radianes.

El ruido gravitónico producido por las colisiones de las ondas gravitacionales coherentes es muy poco y difícil de medir. La vibración producida por el detector de las ondas gravitacionales al absorber gravitones de una señal gravitacional está espléndidamente equilibrada con la vibración que genera el detector cuando emite los gravitones, lo que hace que la detección del ruido gravitónico sea muy difícil de realizar. Sin embargo, hay un estado cuántico de las ondas gravitacionales que es "un estado contraído" que genera un ruido de gravitón más medible. Este estado contraído aumenta exponencialmente a medida que se contrae una colección de gravitones. Así, la técnica para medir estos estados contraídos de ruido gravitónico puede ser medible después de todo, para obtener más información sobre las fuentes de este tipo de ondas gravitacionales contraídas.

Entonces, es posible teorizar dado que las ondas de luz cabalgan sobre las ondas temporales, así como las ondas gravitacionales contraídas, podría haber una onda para medir la desaceleración temporal dentro y alrededor de las ondas gravitacionales contraídas, ya que la aceleración gravitacional es el producto de un diferencial espaciotemporal. Por lo tanto, la velocidad de una onda temporal, la curvatura espacial guía, el principio de inercia de un cuerpo en movimiento y la aceleración gravitacional, son el resultado del principio diferencial espaciotemporal. Por consiguiente, una onda temporal no se acelera, ni desacelera, debido a la aceleración gravitacional; una onda temporal cambia su velocidad debido a un diferencial espaciotemporal a través de la onda espaciotemporal. Las acciones del campo temporal en el espacio-tiempo proporcionan una presión cosmológica medible en cada punto. Algunas de las colisiones masivas, y cambiantes con rapidez, mencionadas anteriormente, pueden producir las señales de las ondas gravitacionales contraídas que son un ruido gravitónico medible.

La señal de gravitón debe ser discernible de cualquier otra señal que pueda ser medida por el detector de las ondas gravitacionales. En consecuencia, el detector puede tener que ser modificado y sintonizado con las propiedades inherentes de la señal del ruido gravitónico. (Nieves, 2020)

Capítulo 6

La vida útil de las partículas

§ 1. *¿Por qué un muón tiene una desintegración más lenta que un electrón?*

¿Cuál es la aceleración del tiempo alrededor de cada partícula? ¿Hay más dilatación del tiempo alrededor de un muón que un electrón? ¿Hay algo que aún no entendamos acerca de la física de las partículas? ¿Explica nuestra comprensión actual cada partícula y fuerza dentro del universo? ¿Son los cálculos para tal interacción fuerte en un régimen de baja energía, un régimen que no es perturbador, tan precisos que estamos seguros de que implica que el resultado puede ser una nueva física?

¿Falta una pieza importante del Modelo Estándar actual? El muón es solo un sabor de leptones. Un muón es aproximadamente 200 veces más pesado que un electrón. Un muón tiene una carga negativa y un espín. Cuando el imán interno del muón se expone a un campo magnético fuerte y externo de un acelerador de partículas, el muón comienza a tambalearse. La velocidad de este bamboleo es el factor "g" o el momento magnético. Las siguientes tecnologías se están fusionando para medir el momento magnético anómalo "a_μ".

Figura 1. La Medición del Momento Magnético Anómalo "a_μ".

§ 2. *¿Sería posible que el factor "g" se haya ocultado a plena vista todo el tiempo?*

El factor *"g"* de Landé (también llamado valor *"g"* o momento magnético adimensional) es una cantidad adimensional que caracteriza el momento magnético y el momento angular de un átomo, una partícula o un núcleo. Es esencialmente una constante de proporcionalidad que relaciona el momento magnético observado "μ" de una partícula con su número cuántico de momento angular y una unidad de momento magnético (para hacerlo adimensionales), generalmente el magnetón de Bohr o el magnetón nuclear. La constante de estructura fina se denota con la letra griega alfa "α". Una constante física fundamental que cuantifica la fuerza de la interacción electromagnética entre las partículas cargadas elementales. A partir de las investigaciones anteriores, la "α" también puede describirse como la permitividad del medio espaciotemporal.

$$\alpha = \frac{1}{4\pi\varepsilon_0}\frac{e^2}{hc} \approx \frac{1}{137} \approx 0.007 \qquad (2.1)$$

$$\frac{\alpha}{2\pi} \approx 0.001161715 \qquad (2.2)$$

La electrodinámica cuántica (EDC) se puede describir en términos técnicos como una teoría de perturbación del vacío cuántico electromagnético, o como las correcciones de orden superior de una serie perturbadora de la constante de estructura fina "α". Como predijo el eminente físico Julián Schwinger en 1948, la corrección radiativa, $\alpha/2\pi$, a la energía de interacción magnética corresponde a un momento magnético adicional asociado con el espín del electrón.

$$g_e \approx 2 + \frac{e^2}{2\pi hc} \approx 2.001162 \qquad (2.3)$$

En EDC, las correcciones radiantes cambian "g" de su valor de Dirac de 2. Correcciones que pueden expresarse simbólicamente como los diagramas de Feynman.

$$\frac{g}{2} = 1 + C_1\left(\frac{\alpha}{\pi}\right) + C_2\left(\frac{\alpha}{\pi}\right)^2 + C_3\left(\frac{\alpha}{\pi}\right)^3 + C_4\left(\frac{\alpha}{\pi}\right)^4 + C_5\left(\frac{\alpha}{\pi}\right)^5 + ... + \alpha_{hadronico} + \alpha_{débil} \qquad (2.4)$$

donde los C_i son los coeficientes en la contribución EDC.

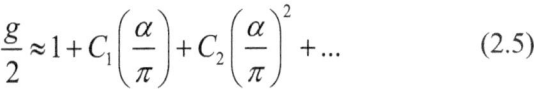

$$\frac{g}{2} \approx 1 + C_1\left(\frac{\alpha}{\pi}\right) + C_2\left(\frac{\alpha}{\pi}\right)^2 + ... \qquad (2.5)$$

Dirac-Stern Gerlach   Schwinger Kusch-Foley   La Polarización del Vació

Figura 2. Los Gráficos de Feynman para el Dirac-Stern Gerlach $g = 2 + (\alpha/2\pi)$, el Schwinger Kush-Foley $(+ C_2\,(\alpha/2\pi)^2)$, la corrección radiante de un orden más bajo calculada por primera vez por Schwinger, y la contribución a la polarización del vacío, que es un ejemplo del término del siguiente orden. El " * " en μ^* enfatiza que, en el bucle, el muón está fuera de su capa.

El experimento de Stern-Gerlach confirmó la cuantización del espín de electrones en dos orientaciones. El espín puede tomar solo dos orientaciones, $\pm(1/2)\hbar$. Hay dos valores posibles para el eje "S_z", correspondientes a los dos puntos en la pantalla de observación en la dirección del campo magnético, tomados para estar en la dirección "z", como lo requiere el hecho de que $s = ½$ para electrones, es decir, son partículas de espín–½. El radio efectivo del círculo discontinuo es $\left(\sqrt{3}/2\right)\hbar$ o aproximadamente $0.866025404 \cdot \hbar$.

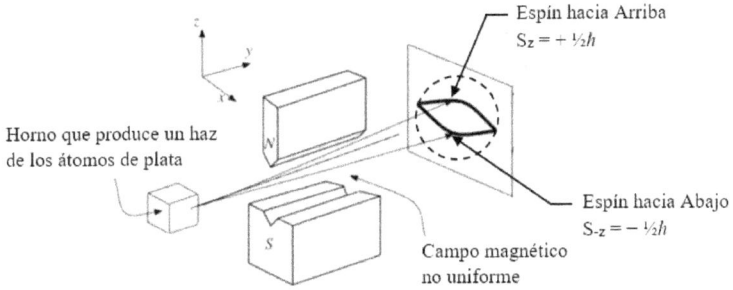

Figura 3. El Aparato de Stern-Gerlach.

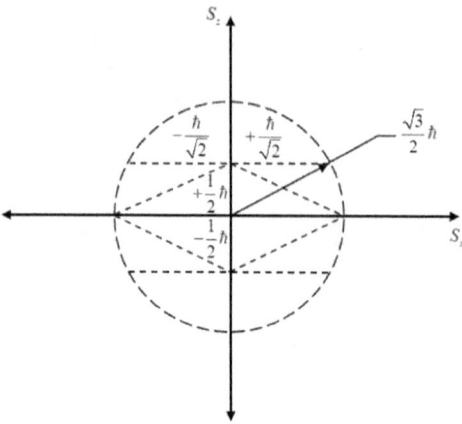

Figura 4. Las Orientaciones del Espín en la Pantalla de Observación.

A medida que el electrón gira alrededor, los ejes de la precesión de los electrones en el haz tienen un espín angular a medida que el medio espaciotemporal se expande en las direcciones del eje "S_x" y del eje "S_z", proyectando un radio de $\left(\sqrt{3}/2\right)\hbar$ según las partículas golpean la pantalla de observación.

Es posible sugerir que los electrones tienen un momento angular de espín "α_e" igual a $\left(\sqrt{3}/2\right)\hbar$ con una magnitud de $\sqrt{3}/2$, la cual requiere que la distancia geodésica entre dos puntos en una variedad espaciotemporal sobre una partícula se expanda de manera radiativa a una velocidad mayor que "c", asistida por la expansión espaciotemporal angular. Por lo tanto, el espín del electrón puede ser descriptible en términos del concepto de la función de onda de una partícula. El valor efectivo, $\pm\hbar/\sqrt{2}$, es el momento de espín efectivo "S_{eff}" paralelo al eje "S_x", donde $\hbar$ es $m_p c l_p$ en unidades de Plank.

$$\left(S_z\right)^2 + \left(S_{eff}\right)^2 = \left(S_{\alpha_e}\right)^2 \qquad (2.6)$$

$$\left(m_e vz\right)^2 + \left(m_e vx\right)^2 = \left(m_e vr\right)^2 \qquad (2.7)$$

Dividiendo por $m_e cd$, donde "d" es una distancia espacial, tenemos

$$\left(\frac{m_e v_z z}{m_e cz}\right)^2 + \left(\frac{m_e v_x x}{m_e cx}\right)^2 = \left(\frac{m_e v_r r}{m_e cr}\right)^2 \tag{2.8}$$

$$\left(+\frac{\hbar}{2}\right)^2 + \left(+\frac{\hbar}{\sqrt{2}}\right)^2 = \left(\frac{\sqrt{3}}{2}\hbar\right)^2 \tag{2.9}$$

$$\frac{\hbar^2}{4} + \frac{\hbar^2}{2} = \frac{3}{4}\hbar^2 \tag{2.10}$$

$$\left(\frac{m_e v_r r}{m_e cr}\right)^2 = \left(\frac{v_r}{c}\right)^2 \tag{2.11}$$

$$\left(\frac{\sqrt{3}/2}{1}\right)^2 = \left(\left|\frac{v_r}{c}\right|\right)^2 \tag{2.12}$$

$$\left|\frac{v_r}{c}\right| = \frac{\sqrt{3}}{2} \approx 0.866025404 \tag{2.13}$$

$$g_e - 2 \approx \frac{\alpha}{2\pi} \tag{2.14}$$

$$g_e \approx 2 + \frac{\alpha}{2\pi} \tag{2.15}$$

$$g_e \approx 2.001161715 \tag{2.16}$$

Adicionalmente,

$$(g-2)_{Teórico} \approx 0.00223183620(86) \tag{2.17}$$

El (86) es la incertidumbre.

$$(g-2)_{Experimental} \approx 0.00223184122(82) \tag{2.18}$$

$$\text{Diferencia} = 0.0000000050(12) \tag{2.19}$$

$$\text{Una desviación estándar de 4.2 } \sigma \quad (2.20)$$

Hay una desviación en la orientación del momento magnético del muón a medida que gira.

Para aniquilaciones de electrón-positrón e^+e^-:

$$(g-2) = 1369080 \times 10^{-11} \quad (2.21)$$

$$(g-2)_{ME} = 14150(110) \times 10^{-11} \quad (2.22)$$

ME = El Modelo Estándar

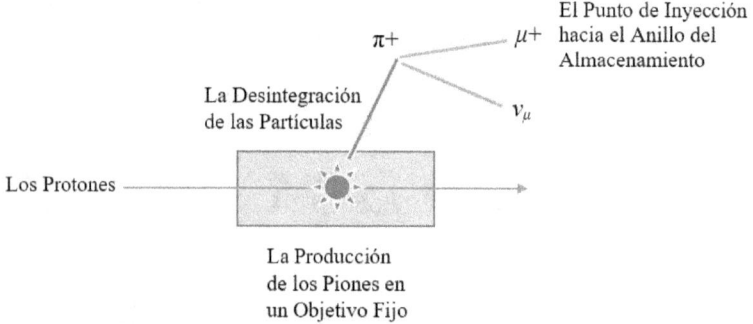

Figura 5. Una Ilustración sobre la Producción de los Piones a partir de los Protones.

Usemos ahora nuestra comprensión actual del factor *"g"* y sus definiciones relacionadas para teorizar una ecuación relativista potencial para el momento dipolar magnético del electrón en los términos más simples.

Ilustremos el modelo simple de un electrón que se mueve en una órbita circular de radio *"r"* con una velocidad de *"v"* alrededor del eje z. El momento magnético de espín *"μ_{orb}"* es dado por la corriente resultante multiplicada por el área del círculo.

$$\vec{\mu}_{orb} = i\vec{A} = \frac{-e}{2\pi r/v}\left(\pi r^2 \vec{a}_A\right) = -\frac{e}{2m_e}\left(\vec{r} \times m_e \vec{v}\right) = -\frac{e}{2m_e}\vec{L}_{orb} \quad (2.23)$$

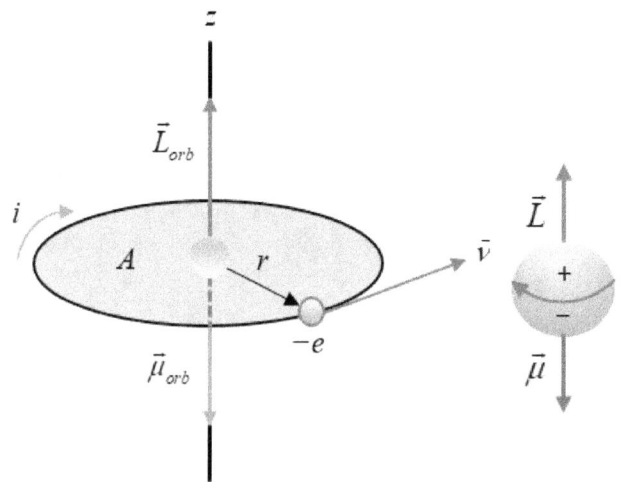

Figura 6. Un Átomo en un Campo Magnético.

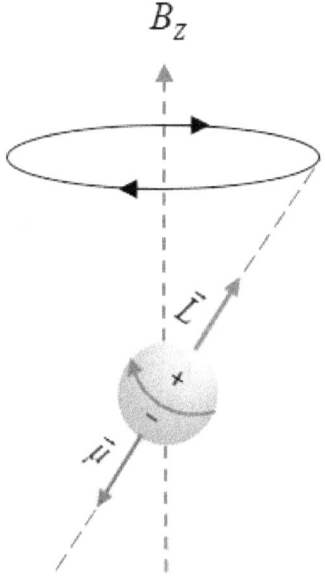

Figura 7. Un Electrón en un Campo Magnético.

$$\mu_B = \frac{e}{2m_e\hbar} \Rightarrow \text{El Magneton de Bohr} \qquad (2.24)$$

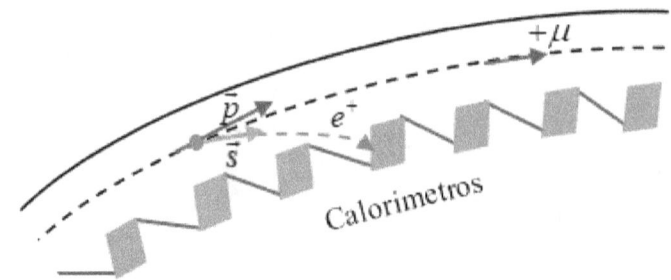

Figura 8. Una Ilustración del Anillo de Almacenamiento que muestra los Calorímetros y las Partículas.

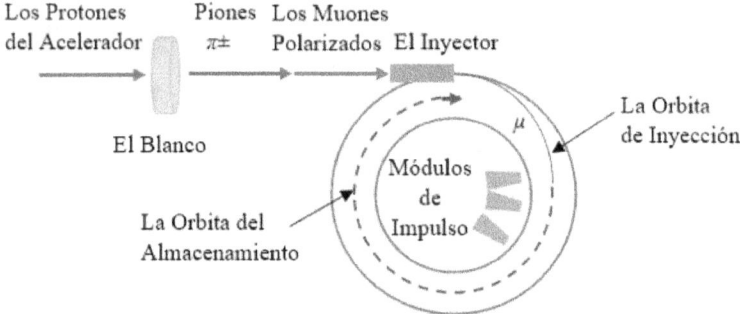

Figura 9. Una Ilustración de los Dispositivos del Anillo de Almacenamiento y las Orbitas de los Muones para medir el Momento Magnético Anómalo del Muón.

El momento dipolar magnético no relativista del electrón, o el momento magnético de espín no relativista, está dado por

$$\mu = g \cdot \frac{-e}{2m_e} L_e \qquad (2.25)$$

$$-9.284764620(57) \times 10^{-24} \approx 2.001161715 \times \left(-4.639687313 \times 10^{-24}\right) \qquad (2.26)$$

$$L_e \approx \frac{2m_e \mu}{-eg} \approx \frac{2\left(9.10938356 \times 10^{-31}\,Kg\right)\left(-9.284764620 \times 10^{-24}\,J/T\right)}{\left(-1.60217662 \times 10^{-19}\,C\right)\left(2.001161715\right)} \qquad (2.27)$$

$$L_e \approx 5.275909136 \times 10^{-35} \frac{Kg \cdot m^2}{s}$$

El valor del factor "g" se deriva inmediatamente de la proporción de los momentos angulares de espín no relativistas "μ" o "L_e" y los relativistas "μ'" o "L_e'", que puede atribuirse tanto a un electrón giratorio de masa conocida en reposo, como a la constante de la estructura fina "α". Aparte, para una partícula clásica, no relativista, un valor típico de "g" igual a 1, se puede utilizar.

$$g \approx \frac{L}{L'} + \frac{\alpha}{2\pi} \approx \sqrt{1 - \frac{v^2}{c^2}} + \frac{\alpha}{2\pi} \qquad (2.28)$$

El momento dipolar magnético relativista del electrón, μ', también conocido como el momento magnético del espín relativista, puede denotarse como:

$$\mu' \approx \left(\sqrt{1 - \frac{v^2}{c^2}} + \frac{\alpha}{2\pi}\right) \frac{-e}{2m_e} L_e \qquad (2.29)$$

$$\mu' \approx \frac{-e}{2m_e'} L_e + \frac{-e\alpha}{4\pi m_e} L_e \qquad (2.30)$$

El factor "g" del electrón es aproximadamente 2, "m_e" es la masa en reposo del electrón, "L_e" es el momento angular de espín ($m_e v r$) del electrón (con magnitud "$\hbar/2$" para una partícula de Dirac como una ecuación de onda de partícula única), "$-e$" es la carga del electrón, y "μ" es el momento dipolar magnético del electrón no relativista o el momento magnético de espín no relativista. El valor más preciso del momento magnético no relativista del electrón es aproximadamente $-9.284764620(57) \times 10^{-24}$ *J/T* o *A·m²* o *m³*. (NIST, 2021) El momento magnético del electrón se ha medido con una precisión de 7.6 partes en 10^{13}. El momento magnético de un electrón es causado por sus propiedades intrínsecas de espín y carga eléctrica.

En consecuencia, de acuerdo con la tabla de factores de Lorentz, $\gamma = 2.000$ exactamente, a medida que la velocidad se acerca a la velocidad de la luz, si y solo si $v/c \approx 0.866025404$, o $\sqrt{3}/2$, y eso produce la ecuación no relativista para el momento dipolar magnético no relativista del electrón donde "g" es aproximadamente 2. Este efecto surge del hecho de que "g" se define como una proporción mixta de un momento angular de espín no relativista y uno relativista "L/L'". Aparte $1/\gamma = 0.5$.

Por lo tanto, sería interesante considerar el factor de Lorentz utilizando la proporción del reloj de la frecuencia "f_{reloj}" y la frecuencia "$f_{calibration}$" para los futuros experimentos de muones, $\sqrt{1 - f_{reloj}^2 / f_{calib.}^2}$.

$$\mu'(f) \approx \left(\sqrt{1 - \frac{f_{reloj}^2}{f_{calib.}^2}} + \frac{\alpha}{2\pi} \right) \frac{-e}{2m_\mu} L_\mu \qquad (2.31)$$

La fórmula general para el momento dipolar magnético "μ" de un electrón clásico puede expresarse como

$$\mu = \int_{V_1}^{V_2} dV = \int_{s_1}^{s_2} I ds = \frac{E}{\rho_\phi} \qquad (2.32)$$

donde "V" es un volumen que es equivalente a una corriente "I" multiplicada por un área, "E" es la energía del momento magnético, y "ρ_ϕ" es la densidad de flujo del campo magnético, Wb/m^2.

El volumen es espacial, y la medición del reloj maestro es temporal, con el factor de desenmascaramiento del reloj maestro, f_{reloj}, igual al tiempo relativista del muón medido en el campo gravitacional de la tierra.

Por lo tanto, es posible sugerir que la diferencia en el momento dipolar magnético puede atribuirse a la diferencia temporal relativista entre el electrón y el muón en el espacio-tiempo de seis dimensiones. A medida que el volumen espacial se expande y el tiempo se dilata a un ritmo más lento en la unidad de carga debido a la relatividad más grande de la masa del muón según la Teoría General de la Relatividad, la fuerza del campo dipolar magnético del muón se vuelve más concentrada por unidad de área del volumen que el campo dipolar magnético electrónico que tiene la misma carga $-e$, menos la masa relativista y una tasa más rápida de expansión espaciotemporal. Por consiguiente, parece como si el campo dipolar magnético del muón se hubiera fortalecido en comparación, cuando en realidad se debe a la divergencia del espacio-tiempo bajo las cuatro fuerzas conocidas de la naturaleza.

$$\frac{\mu_{muon}}{\mu_e} \approx \frac{V_{muon}}{V_e} \qquad (2.33)$$

Las ecuaciones actuales para un muón implican cálculos muy complejos, y algunas correcciones que dependen de las asignaciones de las masa, y unas mayores contribuciones para el muón. Los componentes hadrónicos dominan las incertidumbres teóricas. Si la discrepancia entre la teoría y el resultado experimental persiste, puede apuntar a una nueva física. Además, la diferencia $"\Delta a_\mu"$ de la discrepancia limita muy estrechamente cualquier nuevo modelo de la física, y eso tiene implicaciones significativas para interpretar cualquier fenómeno nuevo.

Para el momento magnético anómalo "$a_\mu(ME)$", tenemos las siguientes contribuciones:

$$a_\mu(ME) = a_\mu(EDC) + a_\mu(hadrónico) + a_\mu(electrodébil) \qquad (2.34)$$

$$(\sim 0.1\%) \quad (\sim 0.00001\%) \quad (\sim 0.0000001\%) \qquad (2.35)$$

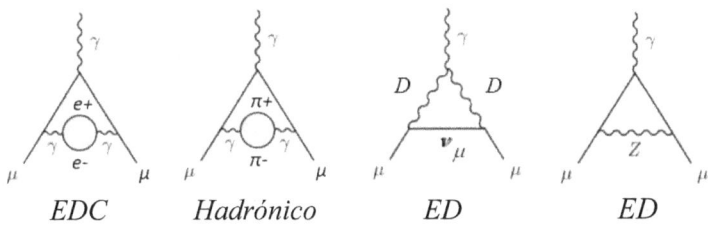

| EDC | Hadrónico | ED | ED |

Figura 10. Las Contribuciones al Momento Magnético Anómalo.

La medición de $e\pm$ y $\mu\pm$ momentos dipolares magnéticos ha sido un punto de referencia importante para el desarrollo de la

Electrodinámica Cuántica (EDC) y el modelo estándar de la física de las partículas. Actualmente, la diferencia entre la medida $"a_\mu"$ y la predicción del modelo estándar es (3.6 σ). Propongamos una aproximación para el factor "g" que incluya el momento magnético anómalo.

$$g \approx \sqrt{1-\frac{v^2}{c^2}} + a_\mu(EDC) + a_\mu\left(hadrónico\right) + a_\mu\left(débil\right) \quad (2.36)$$

$g \approx$ La Física Relativistica + El Modelo Estándar del Gluón (2.37)

Tarea/Resultado	El Momento Magnético Anómalo $(a_e \equiv g_e / 2 - 1)$
Experimento	$a_{e(EXP)} = 1159652180.73 \ (0.28) \times 10^{-12}$
Teoría	$a_{e(ME)} = 1159652181.643 \ (0.77) \times 10^{-12}$
Diferencia	$a_{e(EXP)} - a_{e(ME)} = -0.91 \ (0.82) \times 10^{-12}$
Desviación	(1.1 σ)

Tabla 1. Una Comparación del Valor Experimental y el Valor Teórico del Momento Magnético Anómalo del Electrón.

Apliquemos las ecuaciones anteriores con los siguientes supuestos, $\gamma \approx g - \alpha/2\pi \approx 2.002331846 - 0.001161715 \approx 2.001170131$, a medida que la velocidad se acerca a la velocidad de la luz, si y solo si $v/c \approx 0.866194133$ para un muón, para obtener el momento angular de espín de un muón utilizando el valor experimental de Fermilab para el factor "g". (Cohen et Alia, 1987)

La Propiedad Física	El Valor
La Masa (m_μ)	$1.883531627 \times 10^{-28} \ Kg$
La Vida Útil (τ_μ)	$2.19714(7) \ \mu s$
La Carga (q)	$-e$
El Espín Intrínseco	½ $h/2\pi$
El Momento Magnético (μ_μ)	$-4.4904514(15) \times 10^{-26} \ J/T$
El Factor "g" del Espín (g_μ)	2.0023318408(11)
La Proporción del Giro Magnético $(g_\mu\mu_\mu/h)$	135.69682(5) MHz/T

Tabla 2. Las Propiedades Físicas de los Muones.

$$\mu = g \cdot \frac{-e}{2m_\mu} L_\mu \qquad (2.38)$$

$$\mu' \approx \left(\sqrt{1-\frac{v^2}{c^2}}+\frac{\alpha}{2\pi}\right)\frac{-e}{2m_\mu}L_\mu \qquad (2.39)$$

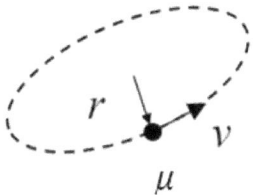

Figura 11. La Órbita de un Muón.

$$-4.4904514(15) \times 10^{-26} J/T \approx 2.0023318408(11)$$

$$\times \frac{-1.602176634 \times 10^{-19} C}{2(1.883531627 \times 10^{-28} Kg)} L_\mu \qquad (2.40)$$

$$L_\mu \approx \frac{2m_\mu \mu}{-eg} \approx \frac{2(1.883531627 \times 10^{-28} Kg)(-4.4904514(15) \times 10^{-26} J/T)}{(-1.60217662 \times 10^{-19} C)(2.0023318408(11))}$$

$$L_\mu \approx 5.272862801 \times 10^{-35} \frac{Kg \cdot m^2}{s} \qquad (2.41)$$

El factor "g" del muón del experimento Fermilab en 2021 es 2.0023318408(11) según los valores CODATA de NIST sobre las constantes fundamentales. La diferencia entre los momentos angulares de espín del muón y el electrón es de 0.003046335 $Kg \cdot m^2/s$, y la diferencia entre los factores "g" es 0.001170125, una diferencia que está cerca del valor que incluye el primer término "$\alpha/2\pi$" de las correcciones radiantes a (EDC) de la teoría de perturbaciones. Por lo tanto, la relación entre los momentos angulares de espín y los factores "g" es la siguiente:

$$\frac{\Delta L}{Factores\ "g"} \approx 2.603426984 \qquad (2.42)$$

La proporción entre las diferencias de los momentos angulares de espín y los factores "g" es de aproximadamente el 260.3% que puede deberse, pero no limitarse a, la diferencia de masa entre los electrones y los muones, la proporción recíproca entre un momento angular de espín y su correspondiente factor "g", y el efecto no lineal del movimiento angular relativista.

¿Es el factor "g" de un electrón = 2.0011614?

¿Es el factor "g" igual a "g – 2" sin tener en cuenta las interacciones para una partícula virtual?

¿Se tambalea el Modelo Estándar de la física o es nuestro malentendido sobre la naturaleza del espacio-tiempo?

Partícula	Símbolo	Factor "g"	Incertidumbre Estándar Relativa
Electrón	g_e	−2.00231930436256(35)	1.7×10^{-13}
Muón (Experimento de Brookhaven 2006)	g_μ	−2.0023318418(13)	6.3×10^{-10}
Muón (Experimento de Fermilab 2021)	g_μ	−2.0023318408(11)	5.4×10^{-10}
Muón (Promedio Experimental Mundial 2021)	g_μ	−2.00233184121(82)	4.1×10^{-10}
Muón (Teoría, Junio 2020)	g_μ	−2.00233183620(86)	4.3×10^{-10}
Neutrón	g_n	−3.82608545(90)	2.4×10^{-7}
Protón	g_p	+5.5856946893(16)	2.9×10^{-10}

Tabla 3. CODATA de NIST, los Valores Recomendados del Factor "g".

El factor "g" del electrón es uno de los valores medidos con mayor precisión en la física.

A medida que el Muón gira y se vuelve magnético, el momento magnético del Muón es aproximadamente 200 veces más pequeño que el momento magnético no relativista de un electrón, y mucho más sensible que otras partículas que pueden estar moviéndose a su alrededor en el reino cuántico.

El muón actúa como un pequeño imán dipolar. Si mueves el muón en una trayectoria circular, su momento magnético se tambalearía como un trompo.

Luego, se puede medir la frecuencia del bamboleo. La medición le diría la fuerza del momento magnético del Muón, el Muón desprendería un fotón y lo reabsorbería, lo que crea una corrección al valor predicho para el momento magnético.

Ese fotón puede cambiar de forma en un par electrón-positrón, que puede aniquilar y convertirse en otro fotón que a su vez puede ser reabsorbido. Estas correcciones cuánticas pueden afectar el valor del momento magnético de una partícula.

La medición del factor *"g"* del muón, por el experimento del Laboratorio Nacional de Brookhaven en Long Island, Nueva York (hace más de 20 años), se desvió de la predicción (ligeramente por encima de 2) del Modelo Estándar actual y nada podría explicar la diferencia.

Los investigadores encontraron un factor *"g"*, una medida del momento magnético, que estaba por encima del valor predicho en casi 3 desviaciones estándar.

El resultado del factor *"g"* fue la comparación del bamboleo medido con el campo magnético con una precisión de 0.14 partes por millón.

Un segundo experimento que fue realizado por Fermilab en 2017, utilizando un anillo de cincuenta pies para el almacenamiento de las partículas en el Laboratorio Nacional de Aceleradores Fermi (Fermilab) en las afueras de Batavia, Illinois, confirmó el resultado anterior.

Tanto el electrón como el muón pueden acercarse a la velocidad de la luz, pero no alcanzar la velocidad de la luz debido al hecho de que son tardiones, tienen masa en reposo.

Por consiguiente, su velocidad generalmente será menor que la velocidad de la luz en un anillo de almacenamiento de partículas como el de Fermilab.

Velocidad $\beta = v/c$	Factor Lorentz γ	Recíproco $1/\gamma$
0.000	1.000	1.000
0.050	1.001	0.999
0.100	1.005	0.995
0.150	1.011	0.989
0.200	1.021	0.980
0.250	1.033	0.968
0.300	1.048	0.954
0.400	1.091	0.917
0.500	1.155	0.866
0.600	1.250	0.800
0.700	1.400	0.714
0.750	1.512	0.661
0.800	1.667	0.600
0.866	2.000	0.500
0.900	2.294	0.436
0.990	7.089	0.141
0.999	22.366	0.045
0.99995	100.00	0.010

Tabla 4. El Factor de Lorentz y sus Proporciones.

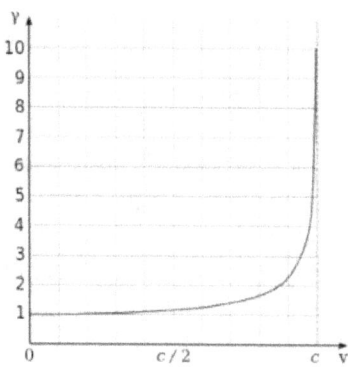

Figura 12. El Factor de Lorentz "γ" como una Función de Velocidad.

En la tabla anterior, la columna de la izquierda muestra las velocidades como diferentes fracciones de la velocidad de la luz (es decir, en unidades de c). La columna central muestra el factor de

Lorentz correspondiente, la columna de la derecha es el recíproco. Los valores más obscuros son exactos.

El factor Lorentz:

$$\gamma = \frac{1}{\sqrt{1-\frac{v^2}{c^2}}} = \frac{1}{\frac{d\tau}{dt}} \tag{2.43}$$

$$\frac{1}{\gamma} = \sqrt{1-\frac{v^2}{c^2}} = \frac{d\tau}{dt} \tag{2.44}$$

Un análisis ciego, como se utiliza en una medición de la física de partículas, es una medición que se realiza sin mirar la respuesta. Los análisis ciegos son la forma óptima de reducir o eliminar el sesgo del experimentador, el sesgo no intencionado de un resultado en una dirección particular.

La Fuente of Predicción	El Valor
La Predicción del Modelo Estándar	2.0023318319
El Resultado Inicial de Brookhaven	2.0023318404
La Predicción del Grupo Internacional	2.0023318362
El Cálculo del Grupo Budapest-Marseille Wuppertal (BMW) (De CDC usando una supercomputadora)	2.00233183908

Tabla 5. Los Números Desenmascarados del "g – 2".

Los efectos de la Cromodinámica Cuántica están presentes en los gluones existentes, y como resultado en los quarks existentes, a partir del octavo decimal de cada valor en adelante. Un proceso en el que un muón o un electrón puede ser más masivo, creando una partícula adicional en la fluctuación del vacío, como un fotón y un fotón virtual que pueden decaer en un par quark-antiquark que se combina con un fotón, y es absorbido por un muón. Por lo tanto, la observación del momento magnético difería de la expectativa teórica del octavo decimal de cada valor en adelante.

El muón existe durante aproximadamente una millonésima de segundo en el anillo de quince metros, o cincuenta pies, para el almacenamiento de partículas, girando varios cientos de veces antes de desintegrarse en un electrón. Los electrones de las partículas progenitoras de los muones en desintegración, se detectan provenientes de alrededor del anillo. La energía y la dirección de un electrón en un detector alrededor del anillo indican el bamboleo de la partícula madre del muón que especificaría el momento magnético del muón. El valor *"g"* es difícil de calcular. Hay computadoras virtuales para los cálculos de los hadrones que son muy expeditivas para calcular el valor *"g"* para los quarks que también deben ser consistentes con la observación experimental. Si el resultado computacional está de acuerdo con una diferencia de cinco sigma entre el valor *"g"* teórico y experimental, se consideraría un descubrimiento. Por lo tanto, un resultado computacional de 4.2 sigma, o de desviaciones estándar, está muy cerca del valor *"g"* experimental. Las contribuciones de los hadrones al momento magnético son difíciles de calcular incluso para un valor aceptable de la predicción estándar a partir de un resultado observacional realista.

Una medición muy reciente del momento magnético anómalo de un muón positivo ha sido de 0.46 ppm. La anomalía magnética de un muón positivo se puede determinar a partir de las mediciones de precisión de dos frecuencias angulares en un experimento de muón $g - 2$ expresado por $a_\mu \equiv (g_\mu - 2)/2$. La frecuencia de la diferencia "ω_a" entre las frecuencias del ciclotrón y la precesión del espín se incorpora en la intensidad de la variación de los positrones de alta frecuencia en los muones polarizados en un anillo de almacenamiento magnético. El campo magnético de un anillo de almacenamiento puede medirse mediante las sondas de resonancia magnética nuclear. Estas sondas se calibran típicamente a la frecuencia de precesión del espín equivalente de un protón "$\tilde{\omega}'_p$" en un receptáculo de agua esférico a 94.5^0 F (34.7^0 C). La relación entre la frecuencia de la diferencia y la frecuencia de la precesión del espín de un protón, y otras constantes físicas conocidas, arroja el valor de $a_\mu = \omega_a / \tilde{\omega}'_p(T) = 116592040(54) \times 10^{-11}$ (0.46 ppm). Este resultado sería de 3.3 sigma, superior a la predicción del modelo estándar actual, pero concuerda con las mediciones anteriores. El último promedio experimental de $a_\mu = 116592061(41) \times 10^{-11}$ (0.35 ppm) expande la extensión entre el valor experimental y teórico a 4.2 sigma después de unificar mediciones previas de $\mu+$ y $\mu-$. El siguiente gráfico "g – 2" se basa en el valor de $a_\mu \times 10^9 - 1165900$.

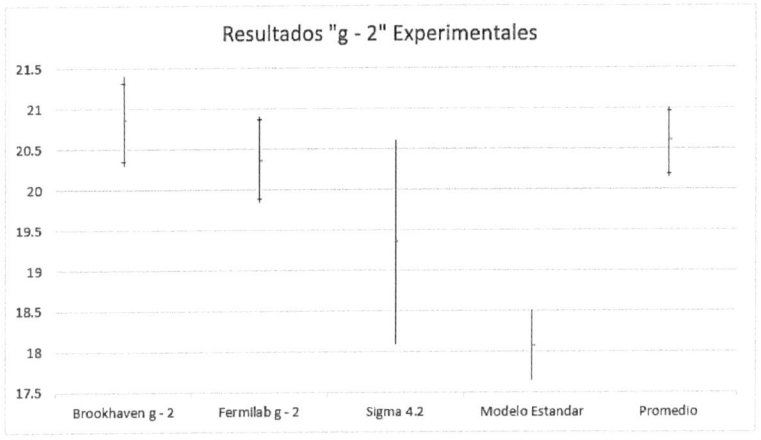

Figura 13. Un gráfico de la diferencia entre las mediciones teóricas y las más recientes de a_μ. Las marcas de verificación internas indican la contribución estadística a las incertidumbres totales.

La figura anterior muestra la tensión entre las recientes predicciones del modelo estándar actual de a_μ junto con la medición realizada en Brookhaven de los años 1997 a 2001 y la última medición en E989 de 2018. El resultado de Fermilab es la medida más precisa del momento magnético anómalo del muón.

La teoría se ha vuelto más rigurosa mientras que el experimento se ha vuelto más efectivo, pero el resultado de 4.2 sigma aún necesita ser mejorado para ser agrupado a otros descubrimientos en la física de partículas. Este resultado está atrayendo un mayor interés en la comunidad científica y tiene potencial para la aparición de algo nuevo en la física. La fórmula crucial tiene la frecuencia clave del factor de desenmascaramiento del reloj de frecuencia para llegar a un valor "g" conforme a los experimentos anteriores.

A medida que las partículas aparecen y desaparecen constantemente de la existencia en nuestra realidad física, pueden afectar a las partículas más masivas como los muones que son más sensibles a estas partículas. Por lo tanto, es probable que los muones se inclinen un poco más, lo que hace que el muón tenga un campo magnético interno ligeramente más grande de lo normal.

La proporción se puede escribir conceptualmente en los términos de las cantidades medidas y las correcciones como

$$R'_\mu(T) \approx \frac{f_{reloj}\,\omega_a^m\left(1+C_e+C_p+C_{ml}+C_{pa}\right)}{f_{calib.}\langle\omega'_P(T)(x,y,\phi)\times M(x,y,\phi)\rangle\left(1+B_k+B_q\right)} \quad (2.45)$$

El numerador incluye el factor maestro de desenmascaramiento del reloj "f_{reloj}", o la corrección para el desenmascaramiento del reloj, la frecuencia "ω_a^m" de la precesión medida del espín muónico en relación con la rotación del momento en el campo magnético, y las cuatro correcciones de la dinámica del haz: "C_e" es el "ω_a" para la corrección del campo eléctrico, "C_p" es el "ω_a" para la corrección del tono de las oscilaciones verticales del haz, "C_{ml}" es el "ω_a" para la corrección de la pérdida de muones, y "C_{pa}" es el "ω_a" para la corrección de la aceptación de fase.

La frecuencia equivalente para la precesión de espín de un protón "$\tilde{\omega}'_P(T)$" se anatomiza en el procedimiento de calibración para la resonancia magnética nuclear absoluta indicada por la frecuencia de calibración de sondas de campo magnético "f_{calib}" y los mapas de campos, que son ponderados por los positrones que se detectan, "$\omega'_P(T)(x,y,\phi)$" es el mapa de frecuencia de la precesión de espín de los protones blindados y medidos en el anillo de almacenamiento, "$M(x,y,\phi)$" es la distribución del haz de muones, que se promedia en varias escalas de tiempo dadas por "$(\langle\omega'_P(T)(x,y,\phi)\times M(x,y,\phi)\rangle)$." Además, dos transitorios magnéticos rápidos: "B_k" es el "$\tilde{\omega}'_P(T)$" para la corrección de los campos de corrientes de los módulos de impulso, "B_q" es el "$\tilde{\omega}'_P(T)$" para la corrección de campo transitorio de cuadrupolos eléctricos, que se sincronizan con la inyección para corregir el resultado. "T" es la temperatura de la muestra de agua a 94.5⁰ F (34.7⁰ C).

¿A dónde se han ido el resto de los muones?

El experimento de belleza del Gran Colisionador de Hadrones en el CERN investiga las sutiles diferencias entre la materia y la antimateria a través del estudio de una partícula llamada "el quark de la belleza", o "quark b". Hay suficientes quarks creados antes que se descompongan en otras partículas. El experimento del Gran Colisionador de Hadrones emplea varios subdetectores para detectar partículas hacia adelante que son lanzadas por una colisión unidimensional. Los subdetectores se instalan y colocan a una distancia entre sí a lo largo de veinte metros desde el punto de colisión. Los quarks de belleza pueden ser rastreados e identificados por detectores ajustables cerca del camino circular del haz del Gran Colisionador de Hadrones.

El experimento de belleza del Gran Colisionador de Hadrones en el CERN es una forma muy precisa de probar el modelo estándar actual. Los protones se disparan en direcciones opuestas para colisionarlos cerca de los detectores ajustables, para detectar la descomposición de los mesones de belleza. Un mesón es una combinación particular de un quark y un antiquark. Un mesón de belleza contiene un quark de belleza o un quark de fondo. Un quark de belleza se asocia con el quark superior. La combinación más común de quarks son los quarks arriba y abajo. El quark de belleza se descompone rápidamente y es más poco común. Los quarks de belleza pueden descomponerse en quarks extraños que pueden decaer aún más en dos electrones, o dos leptones. Un kaón es un mesón que tiene una masa varias veces mayor que la de un pión. Un kaón puede descomponerse en un par muón-antimuón, $K^+ \to \mu^-$ and μ^+, o un par electrón-positrón, $K^+ \to e^-$ and e^+.

El quark de la belleza decayó en muones a un ritmo más lento que en electrones, a pesar de que el acoplamiento entre esas dos partículas es el mismo, con todas las demás cosas siendo iguales. Por lo tanto, hay una preferencia hacia la producción de electrones. El proceso de desintegración produjo un ochenta por ciento de electrones y un veinte por ciento de muones. El modelo estándar actual predice que el proceso debería producir un cincuenta por ciento de leptones y un cincuenta por ciento de muones. La especulación sobre el proceso de desintegración era que probablemente debería haber otra partícula que compensara este resultado, como un bosón, una partícula Z^0 muy masiva o un quark leptón.

Si el tiempo pasa a un ritmo más lento en el área de superficie del muón, el área de superficie de sus cargas puede no expandirse tanto como la de un electrón, lo que dejaría el campo magnético del muón ligeramente más fuerte que el campo magnético emergente del electrón por unidad de área cuadrada después de la expansión. La mayor masa del muón debería resultar en un mayor efecto relativista a su alrededor que alrededor de la masa más baja del electrón. En consecuencia, habría una menor expansión espaciotemporal alrededor del muón. Sin embargo, el ritmo del tiempo es más rápido alrededor del electrón y su tasa de desintegración pudiera ser mayor por un factor de aproximadamente 4. Por lo tanto, algunas preguntas retóricas que surgen de estos conceptos para futuras investigaciones son: ¿Cuál es el efecto del espacio-tiempo en el valor "g" del muón? ¿Cómo sería el resultado del experimento si se hiciera a muy baja gravedad? ¿Qué hay de hacer el experimento a nivel del mar y a una altitud muy alta para encontrar la diferencia de efecto relativista? ¿Cuánto más es el campo magnético del muón más fuerte que el campo magnético del electrón? ¿Cuál es el efecto de hacer el experimento del anillo verticalmente en lugar de horizontalmente? Se espera que algún experimentador, o investigador, con los recursos adecuados pueda tener éxito en la realización de los experimentos físicos que validan los principios y las teorías del espacio-tiempo que se han presentado.

§ 3. ¿Podrían sumarse todas las energías de nuestro universo en una sola ecuación Lagrangiana?

La ecuación Lagrangiana del Modelo Estándar de Gluones de seis dimensiones de "todo lo que hay" puede representarse aproximadamente como,

$$\mathcal{L} \equiv \left\{-\left(\frac{1}{n}\right) rastro\, R_{\mu\nu}R^{\mu\nu} + \psi^*(r,t)(iD_e)\gamma^e\psi(r,t) + h.c.\right\} \quad (3.1)$$

$$+\left\{\psi_i V^{ij}\psi_j \phi + h.c.\right\} + \left\{\left|D_\mu \phi\right|^2 - V(\phi)\right\} + \left\{\frac{1}{2}m_P \vec{g}\ell_P - U(\vec{g}) + h.c.\right\}$$

El Lagrangiano ≡ {− Las Fuerzas de las Partículas de Interacción + La Interacción de las Partículas de Materia con las Fuerzas − Las Auto Interacciones entre los Gluones + (*h.c.* si es necesario)}

+ {La Masa para las Partículas de Materia + La Masa para las Partículas de Antimateria + *h.c.*}

+ {La Masa para las Fuerzas de las Partículas de Interacción − Las Auto Interacciones del Campo de Higgs}

+ {La Masa de las Fuerzas Gravitacionales de las Partículas de Interacción − Las Auto Interacciones Gravitacionales + (*h.c.* si es necesario)}

La ecuación Lagrangiana representa la suma aproximada de todas las energías de nuestro universo desde un punto de vista relativista. El Modelo Estándar de Gluones es una teoría cuántica de campos para el espacio-tiempo de seis dimensiones. El primer término consta de dos matrices. El tensor de intensidad de campo electromagnético está representado por "R", pero en el contexto de esta ecuación, el término representa todas las formas en que todas las partículas portadoras de fuerza (los bosones) interactúan entre sí. El campo de Higgs no está incluido en este término. Los índices representan un formalismo (3 + 3) espaciotemporal. Tres dimensiones espaciales y tres dimensiones temporales conjugadas.

Si el término se expandiera completamente para mostrar las interacciones de los bosones individuales, se vería así:

Las interacciones de partículas portadoras de fuerza (los bosones) → $L_{los\ bosones\ de\ calibre}$ ≡ − El campo de matrices de la fuerza electromagnética − El campo de las matrices de la fuerza débil − El campo de las matrices de la fuerza fuerte

$$-\frac{1}{n}R_{\mu\nu}R^{\mu\nu} \to L_{los\ bosones\ de\ calibre} = -\frac{1}{n}F_{\mu\nu}F^{\mu\nu} \qquad (3.2)$$

$$-\frac{1}{n}W^b_{\mu\nu}W^{b\mu\nu} - \frac{1}{n}S^b_{\mu\nu}S^{b\mu\nu}$$

La *"b"* representa la presencia de los tres bosones de fuerza débil W^+, W^-, y Z^0, y tiene en cuenta los nueve gluones distintos de color que incluyen el fotón en el fondo espaciotemporal de seis dimensiones. No hay *"b"* en las matrices de la fuerza electromagnética *"F"* porque los fotones no interactúan entre sí, a diferencia de los bosones $W^\pm$, Z^0 y los gluones; aunque hay un campo fotónico triádico. (Nieves, 2021)

La primera y segunda parte dan la densidad Lagrangiana de la cromodinámica cuántica para los quarks y su campo de gluones, donde el rastro representa la matriz de seis dimensiones $\left(R_{\mu\nu}R^{\mu\nu}\right)$, "$D_e$" es la derivada covariante del quark, y "γ^ε" son las matrices gamma de seis dimensiones.

El segundo término, $\psi^*(r,t)(iD_e)\gamma^e\psi(r,t)$, describe cómo las partículas de interacción (los bosones) interactúan con las partículas de materia (los fermiones), o los campos de bosones de calibre y sus interacciones con los campos fermiónicos. Los campos de "ψ" son funciones espaciotemporales pero también describen antiquarks y antileptones. El asterisco sobre un símbolo significa que el vector correspondiente debe ser transpuesto y conjugado complejo, o sea, un dispositivo matemático para asegurar que la densidad Lagrangiana permanezca escalar y real.

$$\psi^*(r,t)(iD_e)\gamma^e\psi(r,t) \rightarrow L_{los\ fermiones} = \sum_{los\ quarks} i\bar{q}\gamma^e D_e q \quad (3.3)$$

$$+ \sum_{los\ leptones\ "z"} i\bar{\psi}_l\gamma^e D_e\psi_l + \sum_{los\ leptones\ "d"} i\bar{\psi}_r\gamma^e D_e\psi_r$$

El término, $(iD_e)\gamma^e$, representa cómo los quarks interactúan con la fuerza electromagnética, la fuerza débil, y la fuerza fuerte, y la suma sobre los seis quarks distintos del Modelo Estándar de Gluones. Los siguientes términos representan la suma sobre los leptones zurdos y derechos, y el término, $(iD_e)\gamma^e$, representa las fuerzas de acoplamiento para los leptones. La "D_e" es la llamada derivada covariante. También se utiliza para representar una función de onda en la mecánica cuántica clásica. Aunque esto está relacionado con la representación de campo que estamos utilizando, los dos no son exactamente lo mismo.

El término "*h.c.*" representa el conjugado Hermitiano de los términos 2, 3 y 5. El conjugado Hermitiano es necesario si las operaciones aritméticas sobre matrices producen perturbaciones de valor complejo. Añadiendo el termino *h.c.* tales perturbaciones se anulan mutuamente; por lo tanto, el Lagrangiano sigue siendo una función de valor real. El conjugado Hermitiano representa las interacciones de las partículas de antimateria con el campo de Higgs, que se agrega al cuarto término, o puede representar las interacciones gravitacionales, o las perturbaciones, para las partículas de masa en el quinto término. El tercer término, $\psi_i V^{ij} \psi_j \phi + h.c.$, describe cómo la materia o las partículas de antimateria se acoplan al campo de Brout-Englert-Higgs "ϕ", mediante el cual obtienen masa. Las entradas de la matriz de Yukawa "V^{ij}" representan los parámetros de acoplamiento al campo de Brout-Englert-Higgs, que están directamente relacionados con la masa de la partícula bajo consideración. Estos parámetros no se predicen teóricamente, sino que se han determinado experimentalmente.

El Yukawa Lagrangiano completo puede expresarse como,

$$L_{Yukawa} = -\bar{q}'_z Y_{abajo} \phi d'_d - q'_z Y_{arriba} \bar{\phi} u'_d - \bar{L}_z Y_\phi \phi \ell_d \qquad (3.4)$$

La primera designación son quarks de tipo abajo (down), es decir, el quark abajo, el extraño y el fondo, y cómo se acoplan al campo de Higgs. La segunda designación son los quarks de tipo arriba (up), el arriba, el encanto y el quark cima o superior, y sus acoplamientos al campo de Higgs. La tercera designación son los leptones, "L" y "ℓ" y cómo se acoplan al campo de Higgs. Los quarks y los leptones se muestran como "z" zurdo o "d" derecho.

El cuarto término, $D_\mu \phi^\dagger D^\mu \phi$, o $|D_\mu \phi|^2$, describe cómo las partículas de interacción se acoplan al campo de Brout-Englert-Higgs. Esto se aplica solo a las partículas de interacción de la interacción débil, por lo que obtienen su masa. Los términos, $D_\mu D^\mu$, son las partículas de interacción, o partículas portadoras de fuerza, y el término, $\phi^\dagger \phi$, es el campo de Brout-Englert-Higgs. Esto se ha demostrado experimentalmente, porque ya se han verificado los acoplamientos de los bosones $W^\pm$ a los bosones de Higgs. Los fotones no obtienen masa por el mecanismo de Higgs, mientras que los gluones no tienen masa porque no se acoplan al campo de Brout-Englert-Higgs. El Lagrangiano del campo BEH está dado por

$$L_{el\ campo\ de\ BEH} = |D_\mu \phi|^2 - V(\phi).$$

El término "$-V(\phi)$" describe el potencial del campo Brout-Englert-Higgs. La "V" es el potencial del campo de Higgs, y "ϕ" es el campo de Higgs. El término "$-V(\phi)$" también describe cómo los bosones de Higgs se acoplan entre sí, o cómo el campo de Brout-Englert-Higgs interactúa consigo mismo. De una manera opuesta a los otros campos cuánticos, el potencial "$-V(\phi)$" tiene un conjunto infinito de diferentes mínimos, pero no un solo mínimo en cero. Esa característica hace que el campo de Brout-Englert-Higgs sea inherentemente distinto, y conduce a la ruptura espontánea de la simetría, al elegir uno de los mínimos.

Por consiguiente, las partículas de materia y las partículas de interacción se acoplan de manera diferente a este campo de fondo, y como resultado, obtienen sus respectivas masas.

El quinto término, $L_{la\ gravitación} \equiv \left\{ \dfrac{1}{2} m_P \vec{g} \ell_P - U(\vec{g}) + h.c. \right\}$, describe cómo las partículas interactúan con el campo gravitacional y el potencial del campo gravitacional de todas las partículas de masa a la escala de Planck, como se explica en la "Teoría Cuántica de las Cuerdas de Color". (Nieves, 2022)

El Lagrangiano de seis dimensiones del Modelo Estándar de Gluones en una formulación altamente simplificada:

$$\mathcal{L} = L_{los\ bosones\ de\ calibre} + L_{los\ fermiones} + L_{el\ campo\ de\ BEH} + L_{Yukawa} + L_{la\ gravitación} \qquad (3.5)$$

El "$\rho_\mathcal{L}$" de seis dimensiones significa la densidad Lagrangiana, que es la densidad de la función Lagrangiana en un elemento diferencial de volumen. En otras palabras, "$\rho_\mathcal{L}$" se define de tal manera que el Lagrangiano es el integral sobre el espacio-tiempo de seis dimensiones de la densidad: $\rho_\mathcal{L} \equiv \left(\int dx^6 \cdot \sqrt{-g}\right) \cdot \mathcal{L}$. La Mecánica Lagrangiana fue introducida por el eminente matemático Giuseppe Luigi Lagrange en 1788 como una reformulación de la mecánica clásica. La Mecánica Lagrangiana permite la descripción de la dinámica de un sistema clásico dado utilizando una sola función escalar, $L = T - V$, donde "T" es la energía cinética y "V" la energía potencial del sistema. El Lagrangiano se utiliza junto con el principio de menor acción para obtener las ecuaciones de movimiento de un sistema de una manera muy elegante. La densidad Lagrangiana describe la cinemática y la dinámica de un sistema cuántico cuando se manejan campos cuánticos, en lugar de las partículas discretas de la mecánica clásica.

La ecuación de densidad Lagrangiana es la ecuación de movimiento para el campo gluónico a través del espacio-tiempo de seis dimensiones, que caracteriza la dinámica de la intensidad del campo de Gluón. El "$\sqrt{-g}$" es la raíz cuadrada de un escalar positivo que corresponde a las características de la curvatura del intervalo, "g" es el determinante del tensor métrico de seis dimensiones, y "$\vec{g}$" es el campo gravitacional. La "n" es el número de dimensiones espaciotemporales, para cuatro dimensiones, $n = 4$, porque las tres dimensiones temporales están plegadas, pero $n = 6$ para un formalismo (3 + 3) con tres dimensiones espaciales y tres dimensiones temporales.

La densidad Lagrangiana de seis dimensiones está dada por

$$\rho_{Lagrangiana} \equiv \left(\int dx^6 \cdot \sqrt{-g}\right) \cdot \mathcal{L} \qquad (3.6)$$

$$\rho_\mathcal{L} \equiv \left(\int dx^6 \cdot \sqrt{-g}\right) \left\langle \left\{-\left(\frac{1}{n}\right) rastro\, R_{\varepsilon\beta} R^{\varepsilon\beta} + \psi^*(r,t)(iD_e)\gamma^e \psi(r,t) + h.c.\right\} \right. \qquad (3.7)$$

$$\left. +\left\{\psi_i V^{ij}\psi_j \phi + h.c.\right\} + \left\{\left|D_\mu \phi\right|^2 - V(\phi)\right\} + \left\{\frac{1}{2} m_P \vec{g} \ell_P - U(\vec{g}) + h.c.\right\}\right\rangle$$

La densidad de la energía Lagrangiana ≡ El integral sobre el espacio-tiempo de la densidad × La Lagrangiana

La presión gravitacional Lagrangiana específica ≡ la densidad de la energía Lagrangiana específica

$$\left(\int dx^6 \cdot \sqrt{-g}\right)\left\{\frac{1}{2}m_P \vec{g}\ell_P - U(\vec{g}) + h.c.\right\} \equiv \rho_{S\mathcal{L}} \qquad (3.8)$$

Consideremos un nuevo marco matemático de la teoría cuántica de campos que es una combinación de la teoría clásica de campos, la relatividad especial y la mecánica cuántica. La letra "Z" designa la formulación integral de trayectoria de seis dimensiones de la Mecánica Cuántica para resumir los campos cuánticos y clásicos sobre una trayectoria espaciotemporal con longitud "r" que puede ser no lineal y multidimensional. El término "$e^{i\mathcal{L}}$" es la ecuación de Euler que dota a cada campo del integral de trayectoria con su propiedad de onda. La formulación integral de la siguiente trayectoria evolucionó y se inspiró en el integral de trayectoria original de cuatro dimensiones que fue desarrollado por el eminente físico Richard Feynman. (Feynman, 1948)

$$k_{campo} = \frac{2\pi}{\lambda_{campo}} \qquad (3.9)$$

$$\frac{2\pi}{\lambda_{campo}} < \lambda_{Corte\ UV} \qquad (3.10)$$

$$Z \equiv \int_{\frac{2\pi}{\lambda_{campo}} < \lambda_{Corte\ UV}} \left|\Re \cdot \left(\vec{\psi} \cdot \left(-\vec{F} \cdot -\vec{W} \cdot -\vec{S}\right) \cdot \vec{\phi} \cdot \vec{g}\right)\right| \cdot e^{i\mathcal{L}} dr \qquad (3.11)$$

$$Z \equiv \int_{k_{campo} < \lambda_{Corte\ UV}} \left|\Re \cdot \left(i^2 \cdot \vec{\psi} \cdot \vec{F} \cdot \vec{W} \cdot \vec{S} \cdot \vec{\phi} \cdot \vec{g}\right)\right| \cdot e^{i\mathcal{L}} dr \qquad (3.12)$$

$$Z \equiv \int_{k_{campo} < \lambda_{Corte\ UV}} \left|\prod_{n=1}^{6}\left(\Re \cdot \vec{\mathbb{F}}_n\right)\right| \cdot e^{i\mathcal{L}} dr \qquad (3.13)$$

La formulación integral de trayectoria indica la amplitud cuántica a través de una transición de una configuración de campo específica a otra, formulada como una suma sobre todas las rutas posibles que podrían conectarlas. Una configuración es un valor distinto para cada campo, en cada punto espaciotemporal. En otras palabras, un integral de trayectoria suma todas las contribuciones de campo infinitesimal de todas las formas en que los campos podrían evolucionar de principio a fin.

Donde "k_{campo}" es el número de modo de un modo distinto en un campo, $k_{campo} = 2\pi/\lambda_{campo}$. El corte UV es el corte ultravioleta, que representa la longitud de onda "$\lambda_{Corte\ UV}$" en la que una absorbancia de disolvente en un recipiente de 1 cm de longitud de trayectoria es igual a 1 UA (unidad de absorbancia) utilizando agua en el recipiente de referencia, que es un corte mínimo arbitrario de energía, momento, y longitud. Cada campo puede ser una combinación de modos, cada modo constituye una oscilación con una longitud de onda distinta. En este contexto, la notación anterior limita las configuraciones de campo en la parte integral de la trayectoria a aquellas que no oscilan demasiado vigorosamente, o limita las configuraciones de campo a situaciones de campo débil o de baja energía.

El término "$\mathfrak{R}$" es el operador Robertoniano de seis dimensiones para representar las contribuciones de campo infinitesimal que se van a sumar en la trayectoria integral. (Nieves, 2020) El término "D_e" representa la derivada covariante. La raíz cuadrada "$\sqrt{-g}$" es la raíz cuadrada de un escalar positivo que corresponde a las características de la curvatura del intervalo, es decir, un escalar relacionado con la gravitación. Las letras "$\vec{F}, \vec{W}, \vec{S}$" representan todos los demás campos bosónicos de fuerza como los fotones, los gluones, los bosones $W^{\pm}$ y Z^0 y cómo interactúan entre sí, la letra griega "Ψ" representa fermiones como los leptones y los quarks, y la letra griega "ϕ" representa el campo de Brout-Englert-Higgs que da masa a través de la ruptura espontánea de la simetría.

Además, el integral de trayectoria es la amplitud, la frecuencia angular y la fase en un punto de presión particular y la configuración del integral de trayectoria para someterse a una transición a otro punto de presión y configuración. Si una acción es compleja, el número de la acción puede expresarse como una magnitud y un ángulo de fase.

La magnitud puede expresarse como el valor máximo de la onda, o el valor de la raíz cuadrada de un promedio al cuadrado, que es un número real, de una onda periódica para fines comparativos. Un campo está compuesto por armónicos de su frecuencia fundamental. En nuestro contexto de partículas cuánticas, los armónicos de alta energía tienen pequeñas longitudes de onda y altas frecuencias.

Todas las líneas de mundo de una partícula en el sustrato cósmico pasan a través de la partícula cuántica no observada. Una vez que la partícula peculiar se observa desde uno o más universos, la función de onda colapsa a ese universo en particular o a esos universos particulares, compartiendo la partícula en cuestión bajo la ley de conservación de la energía del multiverso. La partícula observada pellizca el medio de las líneas de mundo restantes de su función de onda colapsada.

Por lo tanto, la reversibilidad de un integral de trayectoria, o de la ecuación de Schrodinger, no se infringe a menos que la función de onda colapse. En consecuencia, si la función de onda colapsa, las partículas-ondas siguen su(s) línea(s) de mundo(s) bajo las leyes aplicables de la termodinámica, u otras leyes naturales, en la dirección emergente del espacio y el tiempo. Por eso, una partícula puede coexistir en diferentes ubicaciones espaciales o en los períodos de tiempo en las líneas distintas de mundo, pero relacionadas, de universos hermanos. Una partícula puede ser parte de distintos sistemas de partículas en diferentes universos, o puede existir de forma independiente, durante el mismo período de tiempo.

La fuerza gravitacional, *"g"*, es Newtoniana para un campo débil, pero Einsteiniana, donde $g = c^2/r$, para un campo fuerte, como dentro de un agujero negro o cerca de una singularidad del Big Bang. La carga gravitacional de cualquier partícula es la presión espaciotemporal a su alrededor y a lo largo de su espacio-tiempo interno o su pleno, que puede originarse en los campos gravitacionales externos, los gravitones y/o las ondas gravitacionales. Se teoriza que todas las partículas tienen una subestructura gluónica, incluso los fermiones, o las partículas que no interactúan con algunas otras partículas como los fotones, los neutrinos o los leptones, de acuerdo con el Modelo Estándar de Gluones. La carga gravitacional universal representa la densidad de energía, y la densidad de energía espaciotemporal es equivalente a la presión espaciotemporal.

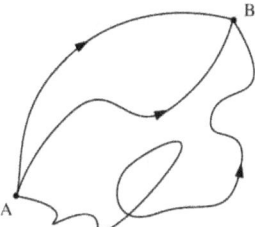

Figura 14. Una Ilustración de los Integrales de Trayectoria entre Dos Puntos Espaciotemporales.

En conclusión, la acción es el movimiento o movimiento aparentemente aleatorio de un campo cuántico u onda a lo largo del camino de menor acción en el espacio-tiempo de seis dimensiones. El producto de las contribuciones del campo cuántico representa la amplitud de la forma de onda. La acción es el exponente del núcleo del crecimiento espaciotemporal, ya que el medio es modulado por las fuerzas de la materia, la energía y la aparición del espacio-tiempo. La función exponencial del producto del número imaginario "i" y el Lagrangiano es el integral de trayectoria resultante del sistema mecánico cuántico. La ecuación de densidad Lagrangiana representa el integral de trayectoria de seis dimensiones de los puntos de presión espaciotemporales a lo largo de la trayectoria de la acción del sistema mecánico cuántico de principio a fin.

Capítulo 7

La acreción o disolución de la masa

§ 1. ¿Cuál es la fuente y el sumidero de todas las cadenas de color?

La coloración de la cadena de color se puede denotar como

$$\sqrt{k} \equiv \mp i \left(\sqrt{\frac{m_s' v_s^2}{m_s' c^2}} \right) e^{(\ell_s + i\omega_s T_s)\frac{1}{2}} \qquad (1.1)$$

$$k \equiv \pm \left(\frac{v_s^2}{c^2} \right) e^{\ell_s + i\omega_s T_s} \qquad (1.2)$$

$$\pm k \equiv \frac{v_s^2}{c^2} e^{\ell_s} \left(\cos \omega_s T_s + i \sin \omega_s T_s \right) \qquad (1.3)$$

$$\omega_s = 2\pi f_s \qquad (1.4)$$

donde $\pm k$ es la energía de color de la cuerda, ω_s es la frecuencia angular asociada de la cadena de color, f_s es la frecuencia lineal, ℓ_s es la longitud de la cadena de color, T_s es el período de la forma de onda de la cadena de color y m_s' es la masa relativista de la cadena de color.

$$m_s \equiv \frac{m_0}{\sqrt{1 - \left(\frac{\ell_s \omega_s}{\ell_s \omega_c}\right)^2}} \equiv \frac{m_0}{\sqrt{1 - \left(\frac{\omega_s}{\omega_c}\right)^2}} \qquad (1.5)$$

$$m_s' \equiv \frac{m_s}{\sqrt{1 - \left(\frac{v_s}{c}\right)^2}} \qquad (1.6)$$

donde "m_0" es la masa en reposo de la cadena de color, "ω_c" es la frecuencia angular de la luz, "v_s" es la velocidad de traslación de la cadena de color a través del espacio, el término $1/\sqrt{1-(\omega_s/\omega_c)^2}$ es el factor de frecuencia angular relativista de la masa de la cadena de color, y es el campo gluónico entre colores y anticolores en *Newtons* / $\pm k$.

La energía de una cadena de color viene dada por

$$La\ Energía = \pm k\vec{g}\ell_s \tag{1.7}$$

La manifestación de la masa y la energía proviene del medio espaciotemporal y su quintaesencia. Se teoriza que a medida que las ondas espaciotemporales interfieren entre los puntos de la fuente, puede haber cizallamiento y torsión entre las ondas espaciotemporales a medida que se expanden o contraen en cualquier punto espaciotemporal arbitrario, causando la producción de cadenas de color que pueden expandirse, contraerse, torcerse o ser estáticas, dependiendo de su frecuencia angular. La presión espaciotemporal de un elemento de cadena de color de longitud "ℓ_s" sería equivalente a su densidad de energía que manifestaría la propiedad de masa relativista "m'_s" para una cadena de color si la frecuencia angular temporal es ligeramente menor que la frecuencia angular de la luz. Esta masa relativista "m'_s" también puede ser referida como la masa en reposo "m_0" si la cadena de color oscilante no se está trasladando a través del espacio.

§ 2. ¿Cómo mantiene una cadena de color su densidad de energía?

Se teoriza que una cadena de color, o un gravitón de color, puede sostener su masa relativista si su frecuencia angular permanece más alta que la frecuencia angular del umbral de disolución de su medio. Si su frecuencia angular disminuye por debajo de la frecuencia angular del umbral de disolución de su medio, la masa relativista de la cadena de color, o la masa relativista del gravitón de color, ya no se mantendría y comenzaría a disolverse de nuevo a su medio.

A medida que la frecuencia angular de la cadena de color se mantiene más alta que el umbral de disolución, la cadena de color, o el gravitón de color, mantiene su masa relativista a través del proceso de momento angular cinético impactado por las ondas en expansión alrededor de la cadena de color o el gravitón de color. Las ondas temporales son los principales impulsores de las cadenas de color o los gravitones de color a medida que se expanden alrededor del volumen de la densidad de energía para transferir el momento angular a las masas relativistas de las cuerdas de color o los gravitones de color.

Consideremos un punto móvil *P(x, y, 0)* en la superficie de una cuerda a medida que se mueve a lo largo de un círculo de radio *"r"* en el plano x-y con el eje z positivo fuera de la página. El círculo está centrado en el origen *"O"* del plano x-y. El objeto viaja con frecuencia angular *"ω"*, lo que significa que el ángulo *θ(t)* formado por el arco de su trayectoria con el eje x positivo en el tiempo *"t"* se puede escribir como

$$\theta(t) = \theta_0 + \omega t \qquad (2.1)$$

donde *θ₀ = 0* en *t = 0*. En *θ(t = 0) = 0*, el punto *P(x, y, 0)* está en la posición *P(x₀, y₀, z₀) = (r, 0, 0)*, o inicialmente en el eje x positivo a una distancia *"r"* del origen *"O"*.

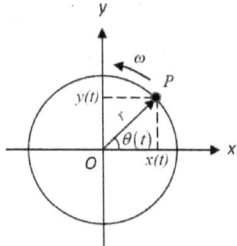

Figura 1. Un Punto *P(x, y, 0)* viajando a lo largo de un Círculo de Radio *"r"* con Frecuencia Angular *"ω"*.

Las ecuaciones de movimiento para el punto *"P"* dadas por

$$x(t) = r\operatorname{Cos}\theta(t) = r\operatorname{Cos}(\omega t) \qquad (2.2)$$

$$y(t) = r \operatorname{Sin}\theta(t) = r \operatorname{Sin}(\omega t) \quad (2.3)$$

Diferenciando las ecuaciones de movimiento para obtener las ecuaciones de la velocidad y la aceleración, tenemos

$$\frac{dx(t)}{dt} = v_x(t) = -\omega r \operatorname{Sin}(\omega t) \quad (2.4)$$

$$\frac{dv_x(t)}{dt} = a_x(t) = -\omega^2 r \operatorname{Cos}(\omega t) \quad (2.5)$$

$$\frac{dy(t)}{dt} = v_y(t) = \omega r \operatorname{Cos}(\omega t) \quad (2.6)$$

$$\frac{dv_y(t)}{dt} = a_y(t) = -\omega^2 r \operatorname{Sin}(\omega t) \quad (2.7)$$

El vector $\vec{r}(t)$ es el vector que conecta el origen "O" con el punto de viaje "P" en cualquier instante dado de tiempo. Los vectores de la velocidad $\vec{v}_x(t)$ y $\vec{v}_y(t)$ son siempre perpendiculares al vector $\vec{r}(t)$. Las aceleraciones $\vec{a}_x(t)$ y $\vec{a}_y(t)$ se denominan aceleraciones centrípetas, siempre apuntando hacia el centro de la trayectoria circular. La velocidad $\vec{v}_x(t)$ o la $\vec{v}_y(t)$, y la aceleración $\vec{a}_x(t)$ o $\vec{a}_y(t)$, también son siempre perpendiculares entre sí. Por lo tanto, la velocidad del punto "P" es siempre tangencial al círculo, incluso si la frecuencia angular "ω" es constante en el tiempo.

Sustituyendo por $\operatorname{Sin}^2(\omega t) + \operatorname{Cos}^2(\omega t) = 1$, cualquier valor real "$\omega t$", tenemos

$$v(t) = \sqrt{v_x^2(t) + v_y^2(t)} = \sqrt{\omega^2 r^2 \operatorname{Sin}^2(\omega t) + \omega^2 r^2 \operatorname{Cos}^2(\omega t)} = \omega r \quad (2.8)$$

El valor $v(t)$ de puede variar con el tiempo ya que tanto "ω" como "r" son variables, por lo que la dirección $v(t)$ y su magnitud pueden cambiar con la geometría de la masa relativista de la cadena de color.

El efecto de la aceleración $\vec{a}(t)$ es entonces cambiar la dirección de la velocidad $\vec{v}(t)$ y su magnitud. La magnitud de una velocidad $\vec{v}(t)$, para el movimiento circular o cualquier otro movimiento, puede cambiar con el tiempo.

$$\frac{d|\vec{v}(t)|}{dt} = \frac{d}{dt}\sqrt{v_x^2(t)+v_y^2(t)} = \frac{2v_x(t)a_x(t)+2v_y(t)a_y(t)}{2\sqrt{v_x^2(t)+v_y^2(t)}} = \frac{\vec{v}(t)\cdot\vec{a}(t)}{|\vec{v}(t)|} \quad (2.9)$$

Por lo tanto, $\vec{v}(t)$ es perpendicular a $\vec{a}(t)$, la magnitud de $\vec{v}(t)$ puede variar y su dirección puede variar para una aceleración distinta de cero.

Si el punto "P" no siempre viaja en círculo, el radio "r" puede variar con el tiempo como r(t) para cualquier valor de "t". Por eso, el valor de la aceleración también puede variar según lo dado por

$$a(t) = \omega^2 r(t) = \frac{v^2(t)}{r(t)} \quad (2.10)$$

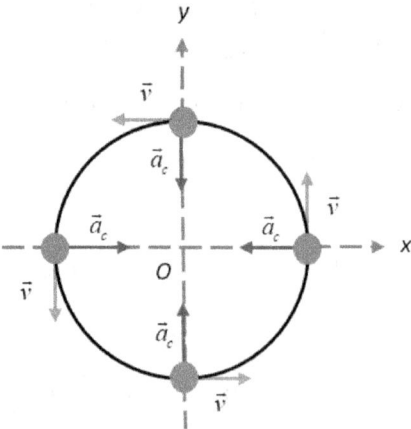

Figura 2. Las Velocidades y las Aceleraciones alrededor del Camino Circular cuando θ = 0⁰, 90⁰, 180⁰, y 270⁰, usando el Valor de θ = θ(t) = ωt.

La aceleración centrípeta siempre apunta al centro de la trayectoria circular, mientras que la velocidad es siempre tangencial a la circular. La definición de la aceleración centrípeta es $a_c = v^2/R = \Sigma F_c/m$, donde "$m$" es la masa en movimiento.

En resumen, como un punto "P" viaja a lo largo de un camino circular con velocidad angular $\vec{v}(t)$, su aceleración apunta al centro del círculo mientras que su velocidad es tangencial al círculo. Se teoriza que el movimiento del punto "P" en la superficie de la cadena de color es causado por las ondas espaciotemporales en expansión alrededor de la masa relativista de la cadena de color.

§ 3. ¿Cuál es la carga cuántica de una cadena de color?

La ecuación para la carga cuántica de una cadena de color puede escribirse como

$$q_s \equiv 2\pi \left(\ell_s \cdot t_s \right) \qquad (3.1)$$

$$q_s = \sum_{p=1}^{n} a_p \left(l_p \cdot t_p \right) \qquad (3.2)$$

donde "q_s" es la carga cuántica de la cadena de color en Coulombs, la carga cuántica de Planck es igual al producto de la longitud de Planck "l_p" y el tiempo de Planck "t_p", "a_p" es el coeficiente dimensional de la geometría en o alrededor de un punto, y "n" es el número de cargas cuánticas en una cadena de color.

Durante las investigaciones anteriores, se explicó que una carga cuántica de Planck es igual a $8.713036182 \times 10^{-79}$ $m \cdot s$, o un *Coulomb*, un cuanto de carga que es infinitesimal con respecto a la magnitud estimada de la longitud de una cadena de color, $\sim 10^{-35}$ m. Si un átomo pudiera magnificarse al tamaño de nuestro sistema solar, entonces una cadena de color podría magnificarse al tamaño de una areca. (Nieves, 2020)

§ 4. ¿Qué hace que el campo gluónico sea más fuerte a medida que las cargas de cuerdas de color se separan? ¿Cómo se separan o se reúnen las cargas de las cadenas de color?

Como un campo de fuerza cuántica trata de separar las cargas de la cuerda de color, se teoriza que el medio espaciotemporal puede estirarse a medida que aumentan las frecuencias de las masas de las cuerdas de color, elevando la fuerza nuclear fuerte de la tensión inherente y la energía torsional de cada cuerda de color, lo que hace que sea más difícil separar el medio. Las cuerdas de color derivarían hacia una presión espaciotemporal más baja, concentrando su alta energía de coloración en las regiones de baja presión.

El medio espaciotemporal tiende a contraerse para contrarrestar su variada densidad de coloración y tensión, para volver a su anterior estado espaciotemporal uniforme. Es posible sugerir que el medio en este proceso también puede exhibir elasticidad espaciotemporal. A medida que el medio espaciotemporal se contrae, hay regiones espaciotemporales de mayor presión de la interferencia de la onda que tienden a regresar para suavizar el volumen de la deformación espacial. La fuerza nuclear fuerte es atractiva a medida que el medio se estira, pero se vuelve repulsiva a una distancia de menos de aproximadamente 0.7×10^{-15} metros, a medida que el medio vuelve a un estado espaciotemporal más uniforme en su núcleo. El rango de una fuerza nuclear fuerte es muy corto y se supone que es idéntico para todas las cuerdas de color. Se supone que una forma posible de separar estas cadenas de color puede ser crear un estado de la materia conocido como un plasma de quarks de las cadenas de gluones de color.

La ecuación para la fuerza nuclear fuerte para una cadena de color puede escribirse como

$$F_{SN} \equiv -m'_s \ddot{a}_s e^{\frac{-1}{d(d-2r)}} \qquad (4.1)$$

o en los términos de la constante de Planck reducida, tenemos

$$F_{SN} \equiv -\hbar c e^{\frac{-1}{d(d-2r)}} \qquad (4.2)$$

donde "d" es la distancia entre las superficies fundamentales de dos cadenas de color, "r" es el radio promedio de dos cadenas de color, "$-\ddot{a}_s$" es la desaceleración del volumen de una cadena de color, "$\hbar$"

es la constante de Planck reducida, *"c"* es la velocidad de la luz, y *"ℏc"* es una constante física con dimensiones de *(Kg · m³)/s²*, o una fuerza volumétrica.

El signo negativo en el exponencial le da a la interacción un rango efectivo finito, y la fuerza nuclear fuerte se fortalece a medida que aumenta la distancia *"d"*, donde $d > 2r$. Es interesante considerar la representación geométrica del exponente como la curvatura del medio espaciotemporal entre dos cadenas de color, $-1/m^2$, en las mismas condiciones de $d > 2r$. Por lo tanto, eso haría que la fuerza nuclear fuerte fuera igual a $-\hbar c e^{-R}$, donde *"R"* es el rastro del tensor de curvatura de Ricci, o el escalar de Ricci.

Por eso, es relevante tener en cuenta que las cadenas de color a grandes distancias apenas interactuarán por más tiempo, ya que las fuerzas de interacción caen exponencialmente con el aumento de la distancia *"d"* o la separación. Por consiguiente, la fuerza nuclear fuerte contrarrestaría la disminución de la interacción para hacer retroceder las cuerdas de color a una distancia de mayor interacción.

Entonces, el potencial de Coulomb para el campo de la fuerza fuerte nuclear entre dos cadenas de color con una carga idéntica, que disminuye más rápidamente con la distancia, puede escribirse como

$$V_s \equiv -\frac{q_s^2}{4\pi\varepsilon_r d}e^{-d(d-2r)} \equiv -\frac{\ell_s^2 \cdot t_s^2}{4\pi\varepsilon_r d}e^{-d(d-2r)} \quad (4.3)$$

donde *"q_s"* es la carga de una cadena de color en Coulombs, *"t_s"* es un período temporal, y *"ε_r"* es la permitividad relativa del medio espaciotemporal. (Yukawa, 1935)

Hipotéticamente, el exponente para el potencial de Coulomb puede escribirse en los términos del recíproco de la curvatura del medio espaciotemporal entre dos cadenas de color, bajo la condición anterior, de la siguiente manera:

$$V_s \equiv -\frac{q_s^2}{4\pi\varepsilon_r d}e^{-\frac{1}{R}} \equiv -\frac{\ell_s^2 \cdot t_s^2}{4\pi\varepsilon_r d}e^{-\frac{1}{R}} \quad (4.4)$$

o en los términos de la constante de Planck reducida, tenemos

$$V_s \equiv -\hbar c e^{-\frac{1}{R}} \qquad (4.5)$$

La fuerza nuclear fuerte es aproximadamente 137 veces más poderosa que la fuerza electromagnética. Se obtuvo una estimado para el valor de $m'_s \ddot{a}_s$ basado en la energía requerida para disociar dos cadenas de color.

$$F_{snf} = \frac{F_{emf}}{\varepsilon_r} = 137 \cdot F_{emf} \qquad (4.6)$$

donde $\varepsilon_r = \varepsilon_{actual}/\varepsilon_0$ es la permitividad relativa del electrón con respecto a la carga de Planck "q_P", aproximadamente 1/137, en el espacio-tiempo libre. (Nieves, 2020)

§ 5. *¿Cuál es el momento angular de una cadena de color?*

Consideremos una sección transversal de la cadena de color con un sistema de dos partículas de punto de rotación idénticas, cada partícula tiene la mitad de la masa relativista $m'_s/2$ de la cuerda de color, moviéndose en un círculo de radio "R", 180^0 fuera de fase $(\vec{r}_1 = -\vec{r}_2)$, a una frecuencia angular $\vec{\omega} = \omega_s \hat{z}$ en un plano paralelo a, pero a una distancia espacial "h", por encima del plano x-y de un sistema de coordenadas cartesianas.

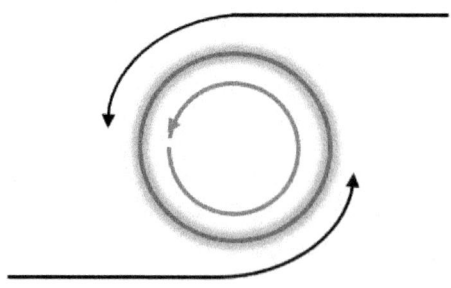

Figura 3. Una Ilustración del Momento Angular de las Ondas en una Sección Transversal de Cadena de Color.

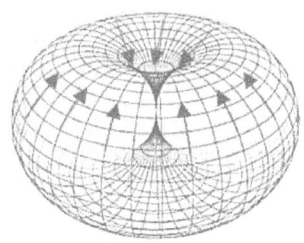

Figura 4. Una Ilustración del Momento Angular de un Gravitón de Color.

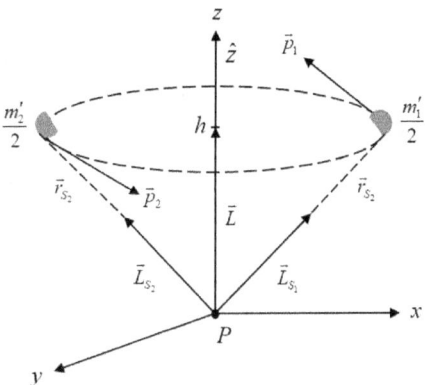

Figura 5. Una Ilustración del Momento Angular para una Cadena de Color.

El momento angular del sistema de cuerdas de color es $\vec{L}$ para cada masa relativista alrededor de un punto espaciotemporal "$P(x, y, 0)$". Denotemos las ecuaciones cinemáticas del sistema.

$$\vec{L} = \vec{L}_{S_1} + \vec{L}_{S_2} = \left(\vec{r}_{S_1} \times \vec{p}_1\right) + \left(\vec{r}_{S_2} \times \vec{p}_2\right) \quad (5.1)$$

$$\vec{L} = \frac{m'_s}{2} R^2 \omega_z \hat{z} - h \frac{m'_s}{2} R \omega_z \hat{r}_1 + \frac{m'_s}{2} R^2 \omega_z \hat{z} - h \frac{m'_s}{2} R \omega_z \hat{r}_2 \quad (5.2)$$

$$\vec{L} = \frac{m'_s}{2} R^2 \omega_z \hat{z} - h \frac{m'_s}{2} R \omega_z \hat{r}_1 + \frac{m'_s}{2} R^2 \omega_z \hat{z} + h \frac{m'_s}{2} R \omega_z \hat{r}_1 \quad (5.3)$$

$$\vec{L} = m'_s R^2 \omega_z \hat{z} \quad (5.4)$$

Por eso, el momento angular de una cadena de color es una función de su masa relativista, el radio de su sección transversal y su frecuencia angular. En la escala de Planck, podría denotarse como $\vec{L} = \pm \hbar \hat{z}$.

§ 6. La interferencia y la geometría de un cúmulo de ondas sobre un punto.

A principios del siglo 17, el eminente matemático y astrónomo Johannes Kepler declaró que el empaque más compactado posible de los objetos esféricos idénticos era la disposición observada en la pirámide de naranjas de un bodeguero. (Kepler, 2010) Cualquier objeto esférico en el interior de la disposición tridimensional de Kepler toca otros doce objetos esféricos, y el volumen espacial llenado por los objetos esféricos es igual a $\pi/\sqrt{18}$, o aproximadamente 37/50. La prueba de la afirmación de Kepler llegó cuatrocientos años después. Por eso, ningún otro empaquetamiento tridimensional compactado de los objetos esféricos idénticos puede ser más compactado. (Hales, 2005)

Más tarde, en la década de 1690, el eminente físico Sir Isaac Newton declaró que un objeto esférico central no podía tocar más de una docena de objetos esféricos idénticos circundantes con un diámetro constante. La afirmación de Newton se conoce como el problema del número de besos, que demostró ser correcto en 1953. (Schütte et Alia, 1953)

Por lo tanto, la pirámide de naranjas de Kepler o el problema del número de besos de Newton sugiere un modelo de onda espaciotemporal similar para las ondas esféricas e idénticas empaquetadas en el instante de interferencia, bajo un estrés y una torsión, con una docena de ondas que convergen simultáneamente hacia un punto arbitrario central.

Consideremos ahora un grupo de ondas espaciotemporales en el punto inicial de interferencia a medida que las ondas se expanden o contraen simultáneamente e interfieren con la tensión de cizallamiento espaciotemporal y la torsión que pueden producir las cadenas de color en el proceso.

Dado un grupo de ondas espaciotemporales, construyamos el grafico o la matriz de adyacencia correspondiente, $[L_{i,j}]$. La matriz de adyacencia indica qué ondas están interfiriendo que pueden producir las cadenas de color a través de la tensión de cizallamiento espaciotemporal y la torsión.

Hay seis ondas adyacentes que convergen en un punto espaciotemporal arbitrario, uno de cada dirección de cada dimensión espaciotemporal en el espacio-tiempo de seis dimensiones. El punto central de la onda espaciotemporal central puede ser un punto arbitrario. En nuestro ejemplo, hay quince puntos iniciales potenciales de interferencia para las seis ondas adyacentes que convergen en un punto espaciotemporal arbitrario, *P(x, y, z)*. (Arkus et Alia, 2009 y 2011)

$$[L_{i,j}] = \begin{vmatrix} a_{11} & a_{12} & a_{13} & a_{14} & a_{15} & a_{16} \\ a_{21} & a_{22} & a_{23} & a_{24} & a_{25} & a_{26} \\ a_{31} & a_{32} & a_{33} & a_{34} & a_{35} & a_{36} \\ a_{41} & a_{42} & a_{43} & a_{44} & a_{45} & a_{46} \\ a_{51} & a_{52} & a_{53} & a_{54} & a_{55} & a_{56} \\ a_{61} & a_{62} & a_{63} & a_{64} & a_{65} & a_{66} \end{vmatrix} = \begin{vmatrix} 0 & 1 & 1 & 1 & 1 & 1 \\ 0 & 0 & 1 & 1 & 1 & 1 \\ 0 & 0 & 0 & 1 & 1 & 1 \\ 0 & 0 & 0 & 0 & 1 & 1 \\ 0 & 0 & 0 & 0 & 0 & 1 \\ 0 & 0 & 0 & 0 & 0 & 0 \end{vmatrix} \quad (6.1)$$

Mientras que cada elemento a_{ij} de la matriz de adyacencia es un valor binario, respondiendo a la pregunta de un sí o un no ¿Interfieren las ondas "*i*" y "*j*"?

Todos los datos binarios de las matrices adyacentes están contenidos en el triángulo superior de la matriz, que tiene $n(n-1)/2$ elementos. Cada elemento tiene dos valores posibles, por lo que el número total de matrices de adyacencia es $2^{n(n-1)/2}$.

Cualquier empaquetamiento válido de las ondas tiene un camino continuo y no ramificado que va de una onda a otra a lo largo de la estructura general, como una larga cadena de polímeros. ¿Podría este proceso elemental ser similar al proceso de cómo las cuerdas de color pueden unirse a los polímeros de cadenas de color durante la interferencia de ondas? (Biedl et Alia, 2001)

Un valor de uno en la matriz de adyacencia designa un par de ondas unitarias cuya distancia entre sus centros es exactamente uno. Por consiguiente, para cualquier $a_{ij} = 1$ la distancia es uno, $d_{ij} = 1$. Un grupo de ondas sería factible sólo si cada elemento de distancia satisface la restricción $d_{ij} \geq 1$. Cualquier distancia menor que uno significaría que dos ondas estaban ocupando el mismo volumen antes de la interferencia.

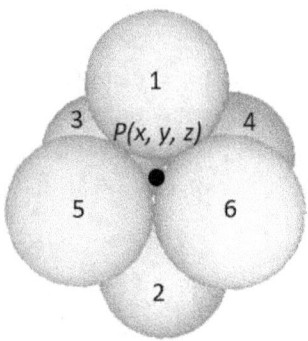

Figura 6. Un Cúmulo de Seis Ondas Espaciotemporales.

Para determinar la geometría de un grupo de ondas, es necesario determinar las coordenadas *x, y, z* de todas los ondas *"n"*. Hay una regla de álgebra que establece que se necesitan ecuaciones *"3n"* para determinar *"3n"* variables desconocidas; sin embargo, sólo unas *(3n–6)* ecuaciones son necesarias.

La energía del cúmulo de ondas depende sólo de las posiciones relativas de las ondas "n", no de la orientación o posición absoluta de todo el cúmulo de ondas.

Es posible suponer arbitrariamente que una onda está en el origen del sistema de coordenadas cartesianas, y otro está exactamente a una unidad de distancia espacial a lo largo del eje *"x"* positivo. De esta manera, las seis coordenadas se vuelven fijas. En consecuencia, las ecuaciones *(3n–6)* suministradas por los valores de uno en la matriz de adyacencia es exactamente el número necesario para localizar el resto de las ondas en el instante de interferencia.

Si hubiera precisamente *(3n–6)* interferencias de onda, y al menos tres interferencias por onda, un cúmulo de ondas tendría una propiedad llamada la rigidez mínima de la onda. Si alguna onda tenía solo una o dos interferencias, podría moverse o balancearse libremente. Tal cúmulo de ondas no podría ser una configuración $max(C_n)$ porque la onda sin restricciones podría girar para interferir con al menos un onda más, aumentando así C_n.

Cada una de las *(3n–6)* ecuaciones de onda con un valor de $r_n = 1$, puede escribirse como,

$$r_n = \sqrt{(x_i - x_j)^2 + (y_i - y_j)^2 + (z_i - z_j)^2} \qquad (6.2)$$

para denotar la distancia espacial entre los puntos centrales de las ondas "i" y "j", esta familia de ecuaciones, o estas ecuaciones simultáneas, necesitan ser resueltas con el fin de recuperar las coordenadas cartesianas espaciales de todas las ondas.

n	3n – 6	n(n – 1)/2	C_n	Multiplicidad
1	–	0	0	1
2	–	1	1	1
3	3	3	3	1
4	6	6	6	1
5	9	10	9	1
6	12	15	12	2
7	15	21	15	5
8	18	28	18	13
9	21	36	21	52
10	24	45	24, 25	259, 3
11	27	55	27, 28, 29	1620, 20, 1

Tabla 1. Un Resumen de las Variedades de Cúmulos de Ondas.

donde "n" es el número de ondas, la multiplicidad es el número de las distintas formas, o de variedades, para alcanzar el cúmulo unido de las ondas, "C_n" es el número total de los puntos de interferencia de ondas, el número máximo de interferencia de onda es *(3n–6)*, y "*n(n–1)/2*" es el número de interferencias de ondas para formar un cúmulo. (Hoy et Alia, 2010 y 2012)

El cúmulo de nueve ondas tiene una propiedad no observada en ninguna otra configuración de cúmulo $max(C_n)$, el valor más alto de "C_n", hasta este número "n" de ondas: es la propiedad de la flexibilidad. La estructura general se puede torcer alrededor de un eje, sin romper ningún lazo de interferencia entre las ondas. En el cúmulo flexible $(n = 9)$, dos variedades de onda unidas por un borde de interferencia pueden estresarse y torcerse ligeramente como se esperaría para la tensión de cizallamiento espaciotemporal y la torsión. Es posible teorizar que en el $(n = 9)$ cúmulo de ondas, existe la probabilidad de que cada punto de interferencia pueda producir distintas cadenas compuestas de color o polímeros que pueden generar todas las combinaciones posibles de los gluones en el Modelo Estándar de Gluones.

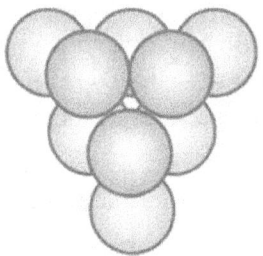

Figura 7. Un Cúmulo de Nueve Ondas Espaciotemporales.

De esta manera, es posible teorizar que la presión de cizallamiento espaciotemporal "τ_s" y la torsión pueden generar numerosas cadenas de color a través de la interferencia de las ondas espaciotemporales en una variedad de procesos físicos. Este fenómeno puede explicar la aparición de las partículas virtuales en el espacio libre a través del proceso de cromosíntesis de las cadenas de color que pueden producir los gravitones de color, los gluones, los bosones, los quarks, los hadrones y las partículas elementales. Se plantea la hipótesis de que este proceso podría ser bidireccional, de modo que a medida que las partículas se descomponen y, finalmente, se desintegran de nuevo a sus elementos de cadena de color, estos elementos de energía pueden regresar a su quintaesencia espaciotemporal a medida que su frecuencia angular disminuye a la frecuencia espaciotemporal circundante de su medio.

La torsión espaciotemporal de la interferencia de las ondas espaciotemporales, como una fuerza lineal, producirá tanto el estrés como la tensión. Sin embargo, a diferencia del estrés lineal y la tensión, la torsión espaciotemporal puede causar una tensión de torsión, llamada el estrés de cizallamiento espaciotemporal "τ_s", y una rotación, llamada la tensión de cizallamiento espaciotemporal "γ_s".

La Presión Espaciotemporal "τ_s" ≡ La Densidad de Energía de Cizallamiento

El estrés de cizallamiento torsional "τ_s" está dado por

$$\tau_s = \frac{Tr}{J} \qquad (6.3)$$

donde "T" es el torque aplicado, $E/\omega t$, "J" es el segundo momento polar de inercia, $\pi \rho^4 / 2$, que depende sólo de la geometría espaciotemporal, y "r" es el radio.

El ángulo de torsión "ϕ" comienza en cero y aumenta linealmente en función de "ℓ_s". Por otro lado, el cambio de ángulo "γ_s" es constante a lo largo de la longitud de la cadena de color.

La tensión de cizallamiento espaciotemporal se puede escribir como

$$\gamma_s = \frac{\rho \phi}{\ell_s} \qquad (6.4)$$

En consecuencia, la longitud de una cuerda de color puede denotarse en los términos de tensión de cizallamiento y torsión,

$$\ell_s = \frac{\rho \phi}{\gamma_s} \qquad (6.5)$$

donde "γ_s" es la tensión de cizallamiento espaciotemporal o el ángulo de rotación, "ρ" es el radio de la sección transversal de la cadena de color, "ϕ" es el ángulo de torsión, y "ℓ_s" es la longitud de una cuerda de color.

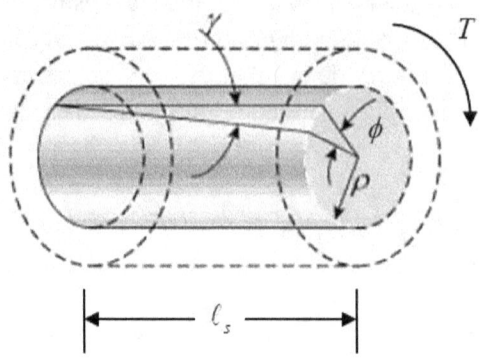

Figura 8. Una Ilustración de la Tensión de Cizallamiento de una Cuerda de Color.

Representemos la ecuación del estrés de cizallamiento espaciotemporal en forma de una matriz para un sistema de seis ondas espaciotemporales.

$$\{\tau_{i \cdot j}\} = \{P_{i \cdot j}\}[L_{i \cdot j}] \quad (6.6)$$

$$\{P_{i \cdot j}\} = \begin{vmatrix} p_{t_x t_x} & p_{t_x t_y} & p_{t_x t_z} & p_{t_x x} & p_{t_x y} & p_{t_x z} \\ p_{t_y t_x} & p_{t_y t_y} & p_{t_y t_z} & p_{t_y x} & p_{t_y y} & p_{t_y z} \\ p_{t_z t_x} & p_{t_z t_y} & p_{t_z t_z} & p_{t_z x} & p_{t_z y} & p_{t_z z} \\ p_{x t_x} & p_{x t_y} & p_{x t_z} & p_{xx} & p_{xy} & p_{xz} \\ p_{y t_x} & p_{y t_y} & p_{y t_z} & p_{yx} & p_{yy} & p_{yz} \\ p_{z t_x} & p_{z t_y} & p_{z t_z} & p_{zx} & p_{zy} & p_{zz} \end{vmatrix} \quad (6.7)$$

$$[L_{i \cdot j}] = \begin{vmatrix} 0 & 1 & 1 & 1 & 1 & 1 \\ 0 & 0 & 1 & 1 & 1 & 1 \\ 0 & 0 & 0 & 1 & 1 & 1 \\ 0 & 0 & 0 & 0 & 1 & 1 \\ 0 & 0 & 0 & 0 & 0 & 1 \\ 0 & 0 & 0 & 0 & 0 & 0 \end{vmatrix} \quad (6.8)$$

$$\{\tau_{i \cdot j}\} = \begin{vmatrix} \tau_{t_x t_x} & \tau_{t_x t_y} & \tau_{t_x t_z} & \tau_{t_x x} & \tau_{t_x y} & \tau_{t_x z} \\ \tau_{t_y t_x} & \tau_{t_y t_y} & \tau_{t_y t_z} & \tau_{t_y x} & \tau_{t_y y} & \tau_{t_y z} \\ \tau_{t_z t_x} & \tau_{t_z t_y} & \tau_{t_z t_z} & \tau_{t_z x} & \tau_{t_z y} & \tau_{t_z z} \\ \tau_{x t_x} & \tau_{x t_y} & \tau_{x t_z} & \tau_{xx} & \tau_{xy} & \tau_{xz} \\ \tau_{y t_x} & \tau_{y t_y} & \tau_{y t_z} & \tau_{yx} & \tau_{yy} & \tau_{yz} \\ \tau_{z t_x} & \tau_{z t_y} & \tau_{z t_z} & \tau_{zx} & \tau_{zy} & \tau_{zz} \end{vmatrix} \qquad (6.9)$$

donde $\{\tau_{i \cdot j}\}$ es un tensor de estrés de cizallamiento espaciotemporal, $\{P_{i \cdot j}\}$ es un tensor de presión, o un tensor de la densidad de energía, en *Newtons/m²*, en cada punto de interferencia entre ondas, y $[L_{i \cdot j}]$ es una matriz de adyacencia constante para ($n = 6$) número de ondas que se expanden a través del espacio.

En los términos de curvatura espaciotemporal, la ecuación del estrés de cizallamiento espaciotemporal puede denotarse como,

$$\{\tau_{i \cdot j}\}[L_{i \cdot j}] = \frac{c^4}{8\pi G}\{R_{i \cdot j}\}[L_{i \cdot j}] \qquad (6.10)$$

Bajando los índices con g^{ij} y dividiendo por "L" tenemos,

$$\tau = \frac{c^4}{8\pi G}R = \frac{R}{\kappa} \qquad (6.11)$$

donde $\{R_{i \cdot j}\}$ es el tensor de la curvatura de Ricci de las ecuaciones de campo de Einstein de seis dimensiones y "R" es su rastro o la curvatura escalar determinada por la geometría intrínseca de la variedad cerca de un punto dado, $\{\tau_{i \cdot j}\}$ es el tensor de estrés de cizallamiento espaciotemporal de seis dimensiones y "τ" es su rastro, y "κ" es la constante gravitacional de Einstein, 2.077×10^{-43} N^{-1}.

$$R_{i \cdot j} = \begin{vmatrix} R_{t_x t_x} & R_{t_x t_y} & R_{t_x t_z} & R_{t_x x} & R_{t_x y} & R_{t_x z} \\ R_{t_y t_x} & R_{t_y t_y} & R_{t_y t_z} & R_{t_y x} & R_{t_y y} & R_{t_y z} \\ R_{t_z t_x} & R_{t_z t_y} & R_{t_z t_z} & R_{t_z x} & R_{t_z y} & R_{t_z z} \\ R_{x t_x} & R_{x t_y} & R_{x t_z} & R_{xx} & R_{xy} & R_{xz} \\ R_{y t_x} & R_{y t_y} & R_{y t_z} & R_{yx} & R_{yy} & R_{yz} \\ R_{z t_x} & R_{z t_y} & R_{z t_z} & R_{zx} & R_{zy} & R_{zz} \end{vmatrix} \qquad (6.12)$$

El tensor de curvatura de Ricci se puede caracterizar por la medición de cómo una forma esférica se deforma a medida que la esfera se mueve a lo largo de las geodésicas en el espacio. La curvatura de Ricci es el objeto geométrico que controla la tasa de crecimiento del volumen de la esfera métrica en una variedad.

En el caso del tensor de Ricci sin rastro, dado por $R_{ij} = (2\Lambda/n - 2)g_{ij}$, donde "$n$" es el número de dimensiones, "g_{ij}" es el tensor métrico, y "Λ" es la constante cosmológica, el tensor de Ricci sin rastro es proporcional a la métrica, porque esta condición es equivalente a decir que la métrica es una solución del vacío de las ecuaciones de campo de Einstein con una constante cosmológica.

§ 7. *¿Cuál sería la carga de una cadena de color?*

La carga de color de una cadena de color se puede visualizar como el conjunto de las propiedades inherentes, como la frecuencia angular, la lateralidad y el espín cuántico de un elemento de energía de color y su asociada masa relativista. En la teoría de las cuerdas de color, el espín se entiende por la rotación de la cuerda alrededor de su eje.

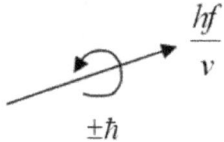

Figura 9. Una Ilustración de una Cadena de Color con una Lateralidad Izquierda.

donde "$\pm hf/v$" es el momento lineal conservado, "$\pm \hbar$" es el momento angular con la lateralidad izquierda o la derecha. Los cuantos discretos se pueden apilar para formar las cadenas más largas con sus vectores de momento alineados.

Una cadena de color puede consistir en un cuántico discreto, o muchos cuantos discretos de una frecuencia compartida que están apilados con los vectores de momento alineados, y están entrelazados entre sí de fase. Una cadena de color tiene un momento lineal que está representado por un vector, un momento angular representado por su rotación axial sobre su vector de momento lineal y una lateralidad de rotación. El movimiento de la cuerda depende tanto del momento lineal como de la lateralidad, debido a cómo una cuerda de color puede emitir o absorber un cuanto o unos cuantos de color. La energía del cuanto consiste en, pero no se limita a, el momento angular axial, el momento lineal y su coloración, cuanto más altas son estas frecuencias, mayor es la energía del cuanto. La lateralidad de la cuerda de color es la polaridad angular, mientras que su dirección lineal es su polaridad lineal. La polaridad general se puede definir utilizando las reglas de Fleming para la lateralidad.

Además, una característica geométrica de la cadena de color es su volumen espaciotemporal infinitesimal. Cuanta más energía tenga una cadena de color, o cuanto mayor sea su frecuencia angular, más pequeña será su sección transversal, y cuanta menos energía tenga la cadena de color, mayor será su sección transversal. Si se apilan varias cadenas de color con los vectores de momento alineados en una cadena compuesta de color, a medida que aumenta la frecuencia angular de la cadena compuesta de color, su volumen disminuye y, en consecuencia, el volumen espaciotemporal de la cadena compuesta de color es menor. Por eso, el volumen espaciotemporal es una función de la frecuencia angular. Similar a un patinador artístico y consumado que da vueltas, y a medida que recoge sus brazos, gira más rápido, y a medida que extiende sus brazos, gira más lento. En consecuencia, los conceptos anteriores plantean la pregunta retórica, para las bajas energías $E << 1/\pm k\vec{g}\ell_s$, ¿se comportaría la cadena de color abierta como un bosón de calibre con un espín-1 y con una masa relativista en el volumen mundial de una brana de color D? En conclusión, hay una brecha en nuestros conocimientos de la física actual que se deriva de nuestros hallazgos y conclusiones, que se beneficiaría de una investigación exhaustiva, incluyendo la evaluación experimental para ampliar y comprobar los conceptos de la teoría cuántica de las cuerdas de color que se han desarrollado y presentado.

Bibliografía

Arkani-Hamed, Nima y Dimopoulos, Savas. (2004) *Unificación supersimétrica sin supersimetría de baja energía y firmas para el ajuste fino en el gran colisionador de hadrones.* Recuperado de arXiv:hep-th/0405159v2 el 5-10-2021.

Arkus, N., V. N. Manoharan y M. P. Brenner. (2009). *Los grupos de energía mínima de esferas duras con atracción de corto alcance.* Physical Review Letters 103:118303.

Arkus, N., V. N. Manoharan y M. P. Brenner. (2011). *Derivación de empaquetamientos de esferas finitas.* SIAM Journal on Discrete Mathematics 25(4):1860–1901.

Ashtekar, Abhay. (1986) *Nuevas variables para la gravedad clásica y cuántica.* Physical Review Letters. 57 (18): 2244–2247.

Biedl, T. E., et Alia. (2001). *Cadenas poligonales bloqueadas y desbloqueadas en tres dimensiones.* Discrete and Computational Geometry 26:269–281.

Bohm, David. (1952). *Una interpretación sugerida de la teoría cuántica en términos de "las variables ocultas" I.* Physical Review. 85 (2): 166–179.

Born, M. and Wolf, E. (1999). *Los principios de la óptica: La teoría electromagnética de la propagación, la interferencia y la difracción de la luz (7ª edición).* Cambridge University Press.

Cartan, Élie. (1981) [1938], *La teoría de los espinores*, New York: Dover Publications, ISBN 9780486640709.

CERN. (1999) *El CD-ROM de la Educación en la Física de las Partículas.*

C.N. Yang y T.D. Lee. (1952) *La teoría estadística de ecuaciones de estado y transiciones de fase. I. La teoría de la condensación.* Phys. Rev. 87: 404-409.

C.N. Yang y T.D. Lee. (1952) *La teoría estadística de ecuaciones de estado y transiciones de fase. II. El gas de celosía y modelo de Ising.* Phys. Rev. 87: 410-419.

Cohen, E. Richard, Taylor eds, Barry N., Res, J. (1987) *Los valores recomendados por CODATA de 1986 de constantes físicas fundamentales*, National Bureau of Standards, 92(2), 1.

de Boer, W. (1994) *Las grandes teorías unificadas y la supersimetría en la física de las partículas y en la cosmología.* Institut fur Experimentelle Kernphysik Universitat, Karlsruhe, Germany.

de Broglie, L. (1927) *La mecánica ondulatoria y la estructura atómica de la materia y la radiación.* Journal de Physique et le Radium. 8 (5): 225–241.

de Broglie, L. (1967) *Le Mouvement Brownien d'une Particule Dans Son Onde.* C. R. Acad. Sci. B264: 1041.

De Carvalho, Vanuildo S. y Freire, Hermann. (2013) *Desglose del comportamiento del líquido de Fermi cerca de los puntos calientes en un modelo bidimensional: un análisis de grupo de renormalización de dos bucles.* Nuclear Physics. B (Print), v. 875, p. 738-756.

Feynman, R. P. (1948). *Un enfoque espaciotemporal de la mecánica cuántica no relativista.* Reviews of Modern Physics. 20 (2): 367–387.

Hales, T. C. (2005). *Una prueba de la conjetura de Kepler.* Annals of Mathematics 162:1065–1185.

Hoy, R. S., J. Harwayne-Gidansky y C. S. O'Hern. (2012). *La estructura de los empaquetamientos de las esferas finitas a través de la enumeración exacta: las implicaciones para la nucleación de cristales coloidales.* Physical Review E 85:051403.

Hoy, R. S., and C. S. O'Hern. (2010). *Los empaquetamientos de energía mínima y el colapso de los polímeros esféricos y duros en una tangente pegajosa.* Physical Review Letters 105:068001.

Kepler, J. (2010). *El copo de nieve de seis esquinas: un regalo de Año Nuevo*. Philadelphia: Paul Dry Books.

Lawrence Livermore National Laboratory. (1995) *Revisión de Ciencia y Tecnología en Septiembre de 1995*. Figura 1, página 26.

National Institute of Standards and Technology (NIST). (2021) *El valor más preciso de "μ_{em}", y los valores CODATA de las constantes fundamentales*. Física. U.S. Department of Commerce.

Nieves, Robert. (2020) *Una teoría dinámica del espacio-tiempo: un asunto de ondas*. Publicado por Kindle Direct Publishing, Amazon.com, Inc. ISBN 9798667276289.

Nieves, Robert. (2021) *Una síntesis de la gravedad cuántica*. Publicado por Kindle Direct Publishing, Amazon.com, Inc. ISBN 9798715826565.

Peskin, Michael; Schroeder, Daniel (1995). *Una introducción a la teoría cuántica de campos (Reimpreso)*. Westview Press. ISBN 9780201503975.

Raychaudhuri, A. K. (1955). *La cosmología relativista I*. Phys. Rev. 98 (4): 1123–1126.

Selleri, F. y Van der Merwe, A. (1990). *Las paradojas cuánticas y la realidad física*. Kluwer Academic Publishers. pp. 85–86.

Schütte, K., y B. L. van der Waerden. (1953). *El problema de las trece esferas*. Mathematische Annalen 125:325–334.

Wigner, E. P. (1931). *La teoría de grupos y su aplicación a la mecánica cuántica de espectros atómicos*. Braunschweig, Germany: Friedrich Vieweg und Sohn. pp. 251–254.

Yukawa, H. (1935). *Sobre la interacción de las partículas elementales*. Proc. Phys.-Math. Soc. Jpn. 17 (48).

Zwiebach, Barton. (2009) *Un primer curso sobre la teoría de cuerdas*. Second Edition. Cambridge University Press.

www.ingramcontent.com/pod-product-compliance
Lightning Source LLC
Chambersburg PA
CBHW071355210526
45465CB00001B/104